増補改訂版

池でも水槽でも楽しめる！

錦《にしき》鯉《ごい》の飼い方

エムピージェー

はじめに

紅、白、黒、金、銀…、様々な色彩、模様を持った錦鯉が泳ぐ池は、まるで絵画のような美しさに溢れています。あるときは群れになって、あるときは気ままに…、その計算することのできない泳ぎ、一瞬一瞬に見応えがあり、ついつい時間が経つのも忘れて見入ってしまうこともあるほどです。

本書ではこの錦鯉を健康に育成するための基本とコツをわかりやすく解説しています。また近年では、〝水槽〟での飼育も盛んになり、その方法についてもページを割きました。

池は敷居が高いと感じられても、水槽なら始めてみようという方も多いと思います。錦鯉は本来、上からの観賞を目的に改良されてきた魚ですが、ガラス越しに眺めることでその模様は新たなタッチとして生まれ変わるのです。

私たちの持つ生活スタイル、そして望む飼育スタイルに対応できる柔軟性を持つのは、錦鯉最大の長所ともいえるでしょう。自由な発想で、あなたの持つ池、水槽に、錦鯉の泳ぐ絵を描いてみてください。

増補改訂に当たって

初版の出版から9年、その間、アクアライフ編集部は錦鯉品評会に赴き、多くの美しい魚たちに出会っています。その姿を読者の皆さんにも堪能してもらいたく、24ページを増やし、上見・横見共に品種カタログを全て差し替えることを決めました。

今回、注力したのは、なるべく「小さな個体」も掲載すること。巨大な個体の派手な色彩、迫力については言うまでもありませんが、若い個体が見せるみずみずしい白地と発色も魅力的なものなのです。そして、これから錦鯉の飼育を始めようという方には、その姿はきっと身近に感じてもらえるはず。本種がみなさんの〝キャンバス〟制作のアイデアブックとなることを期待しています。

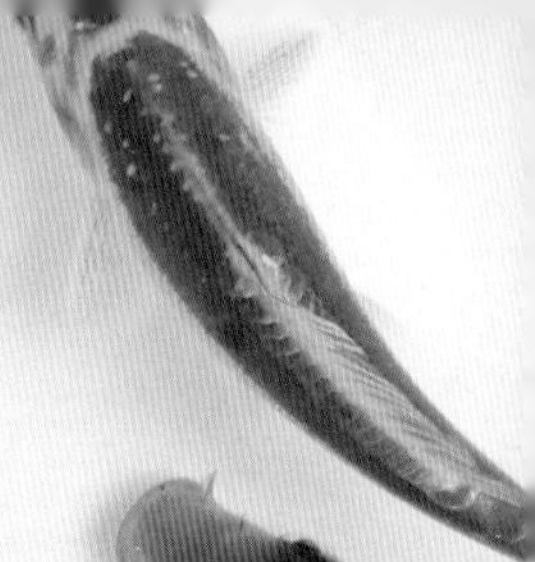
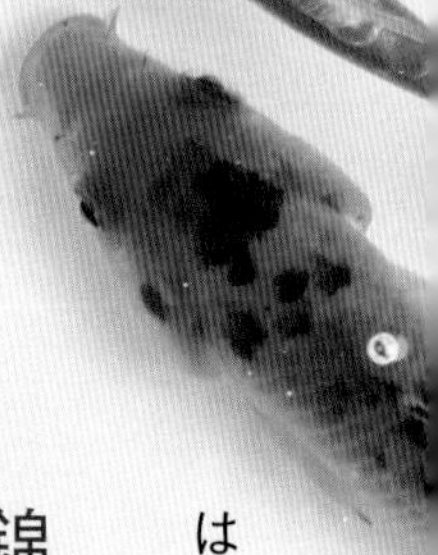

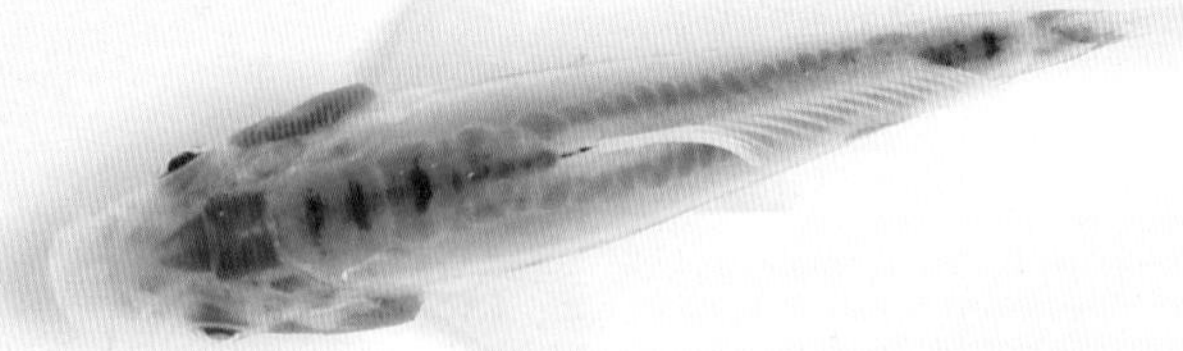

錦鯉の飼い方　目次

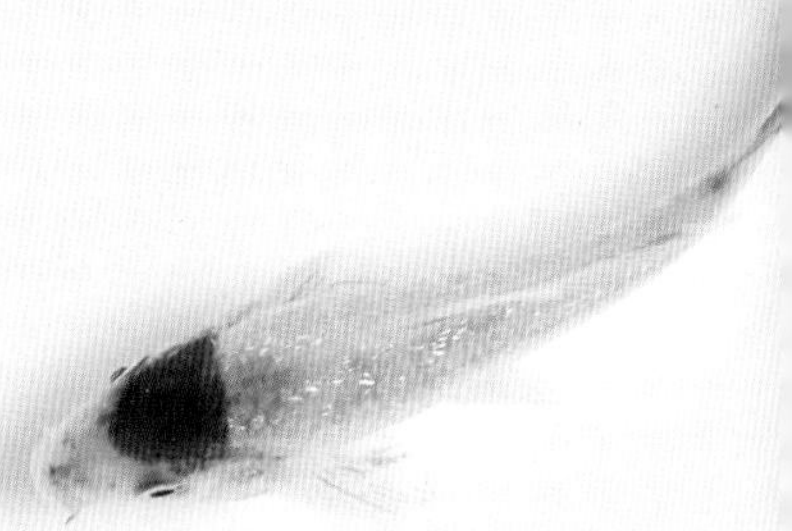

錦鯉品種紹介

上見編

UWAMI

錦鯉の魅力のひとつとして、品種の多さが挙げられます。その数は１００を超えるとも言われ、同じ模様を持った個体はふたつとしていないとなれば、愛好家が夢中になるのもうなずけます。ここでは代表的な約20の品種（区分）について紹介していきましょう

撮影協力／
国際錦鯉品評会（K）、国際錦鯉幼魚品評会（KY）、全日本総合錦鯉品評会（Z）、新潟県錦鯉品評会（N）
※アルファベットの前の数字は開催回を示す。
例／ 49Z…第49回全日本総合錦鯉品評会
※※「〜部」とは、体長の区分を示す。
例／第50部…45cmを超えて50cmまでの個体
（品評会により、範囲が異なる場合がある）

整った4段模様を持つ紅白。発色のコントラストが際立つ個体で、躍動感のある泳ぎはその魅力を倍増させるかのようだ（49Z、成魚の部 総合優勝、55部）

紅白

Kouhaku

白い肌地に緋盤《ひばん》（赤い模様）の入る、錦鯉を代表とする品種で、最も多く流通しています。純白の肌を持ち、色ムラのない紅がバランス良く入るものを良しとします。この紅の発色は、色揚げ飼料を食べさせることなどで、より濃く美しくすることも可能です。

純白のキャンパスに描かれた赤い稲妻

撮影時94cmという巨体に、尾から頭にかけて力強い稲妻模様を刻んだ迫力満点の個体。独特の照り感のある緋盤も見所だ（47Z、大会総合優勝）

サイズと美しさを極限まで追求する

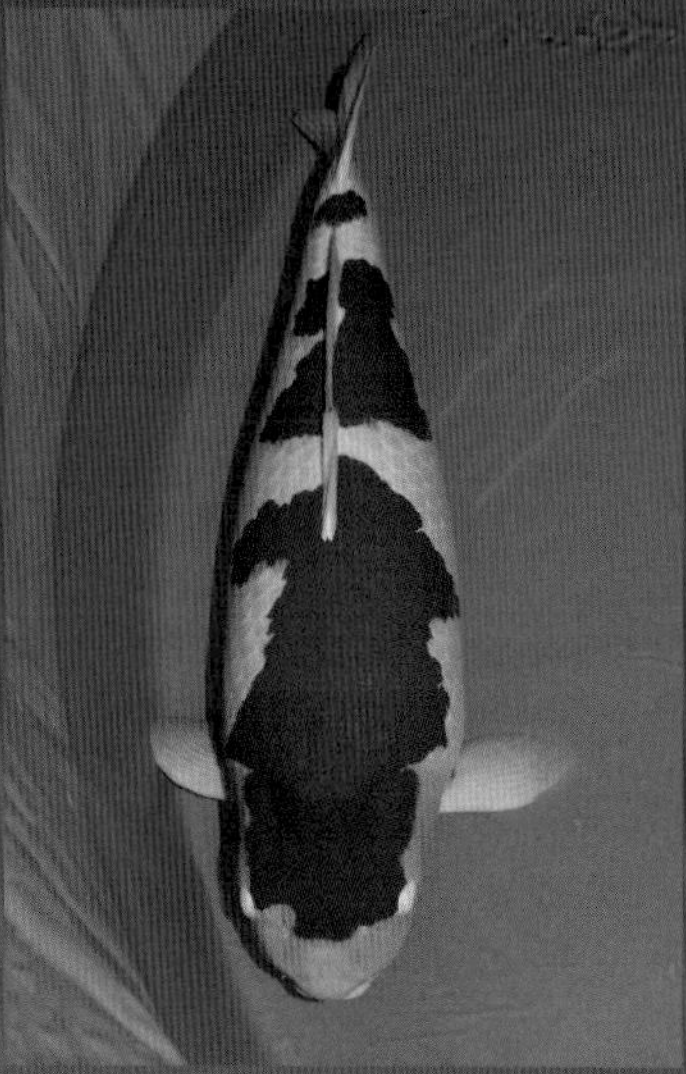

101cm という巨体を彩るのは、黄ばみのない白地と蛍光色のように照りの強い緋盤。当時、オークションでは 2 億円以上の値が付いたことでも大きな話題を呼んだ個体だ（50Z、大会総合優勝）

櫛状に切れ込みの入った緋盤が個性的。まるで赤と白のパズルが組み合わさったかのよう（49Z、雅大賞、90部）

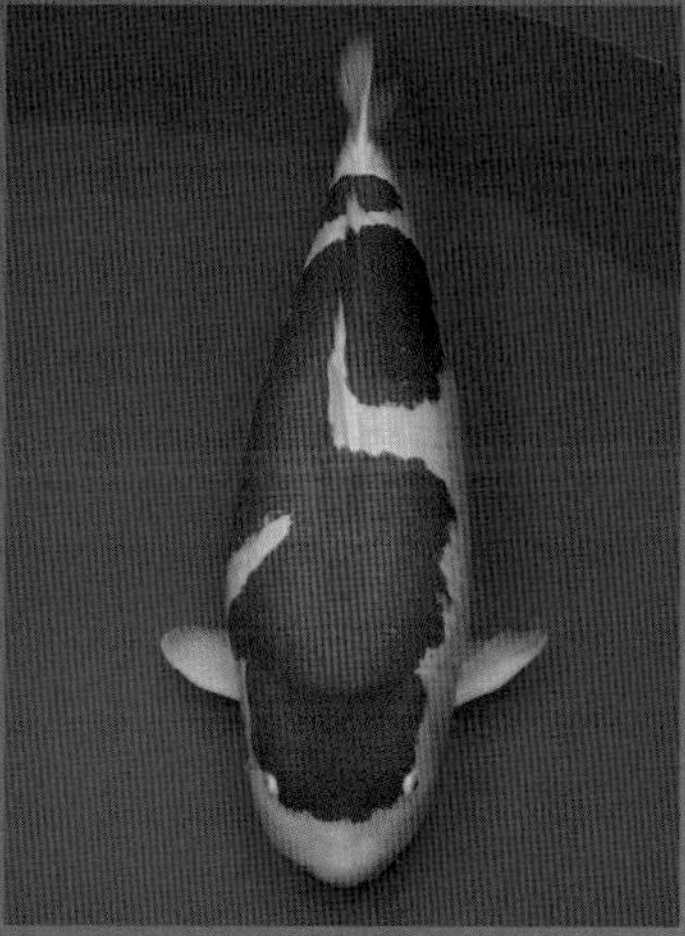

肉厚な体には大柄な緋盤が乗り、貫禄は十分。体の左右から入った白い切れ込みが模様の安定感を崩し、その姿を印象付ける（51Z、大会総合優勝、90部）

頭部の３つ目模様が面白い。澄んだ白地も緋盤の美しさ、個性を引き出している（43Z、巨鯉オスの部 総合優勝、90部）

白地に跳ねる緋盤のリズム

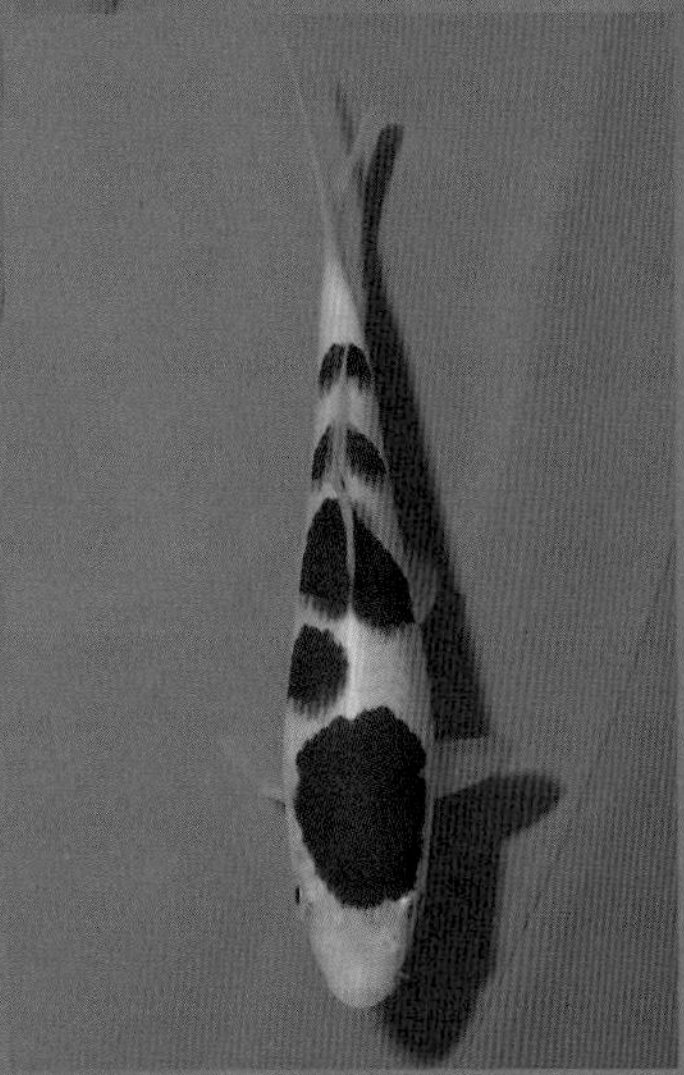

こちらもきれいに緋盤が並んだ５段紅白。体の右側にずれた緋盤が見所で、白地の美しさも魅せている（3KY、12 部 総合優勝）

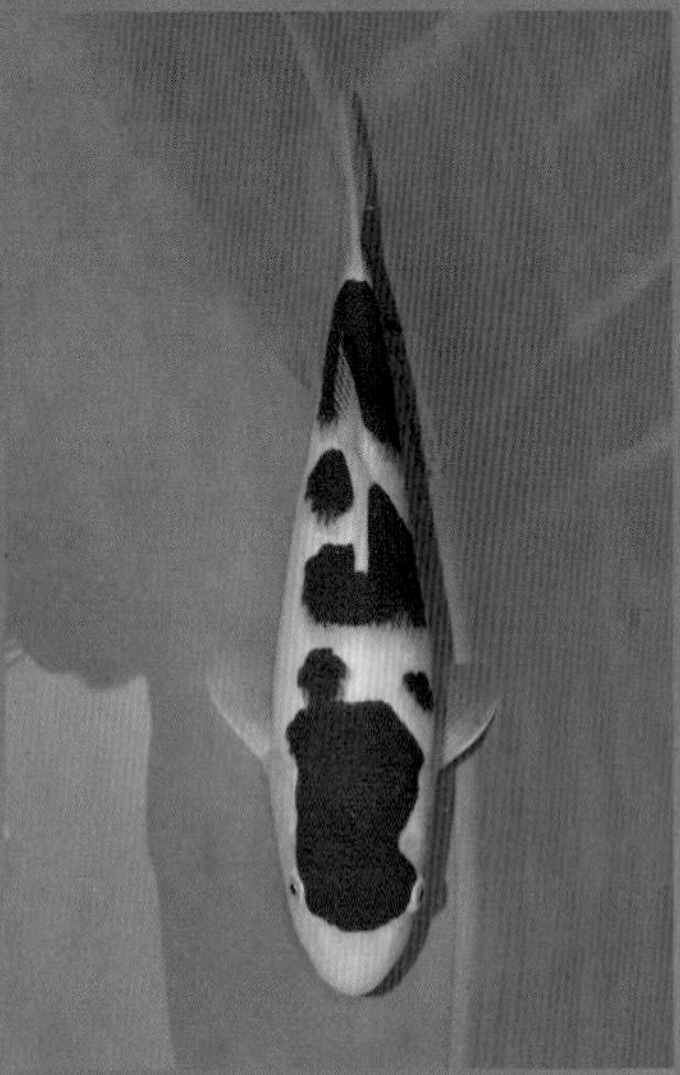

大小の緋盤で魅せるコンビネーションの美。まるで計算されたかのような小斑の配置が絶妙だ（3KY、30 部 総合優勝）

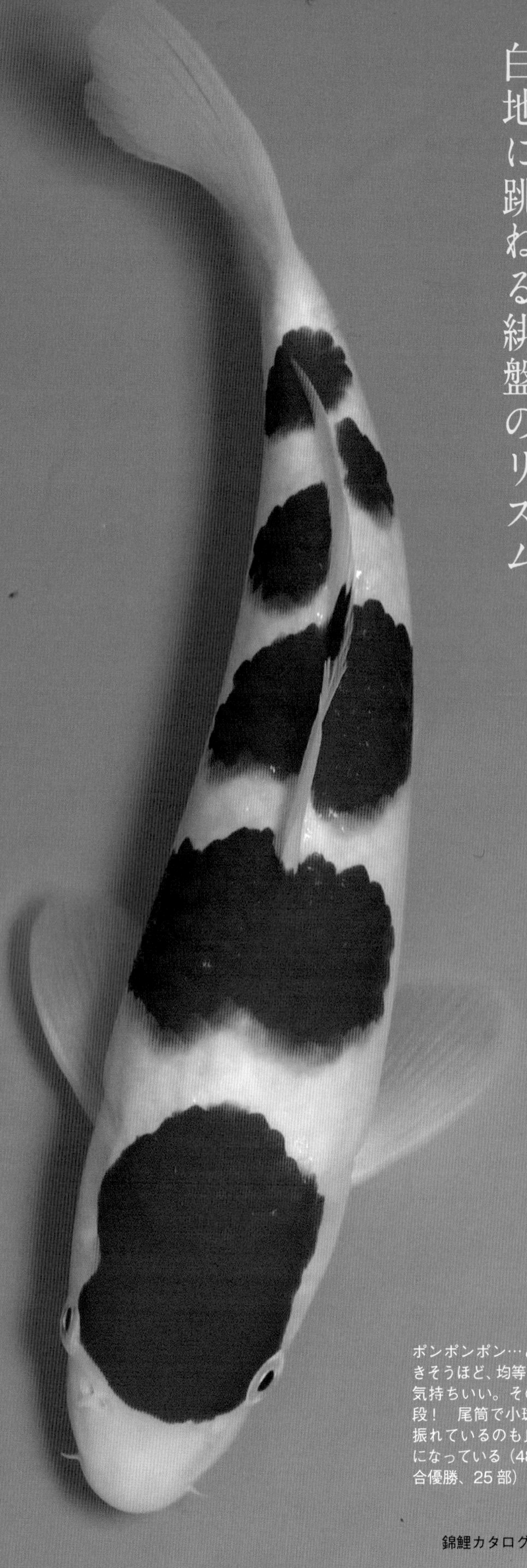

ポンポンポン…と音が聞こえてきそうほど、均等に並んだ緋盤が気持ちいい。その数、なんと６段！　尾筒で小斑が体の左右に振れているのも良いアクセントになっている（48Z、幼魚の部 総合優勝、25 部）

白地が包む緋盤の個性

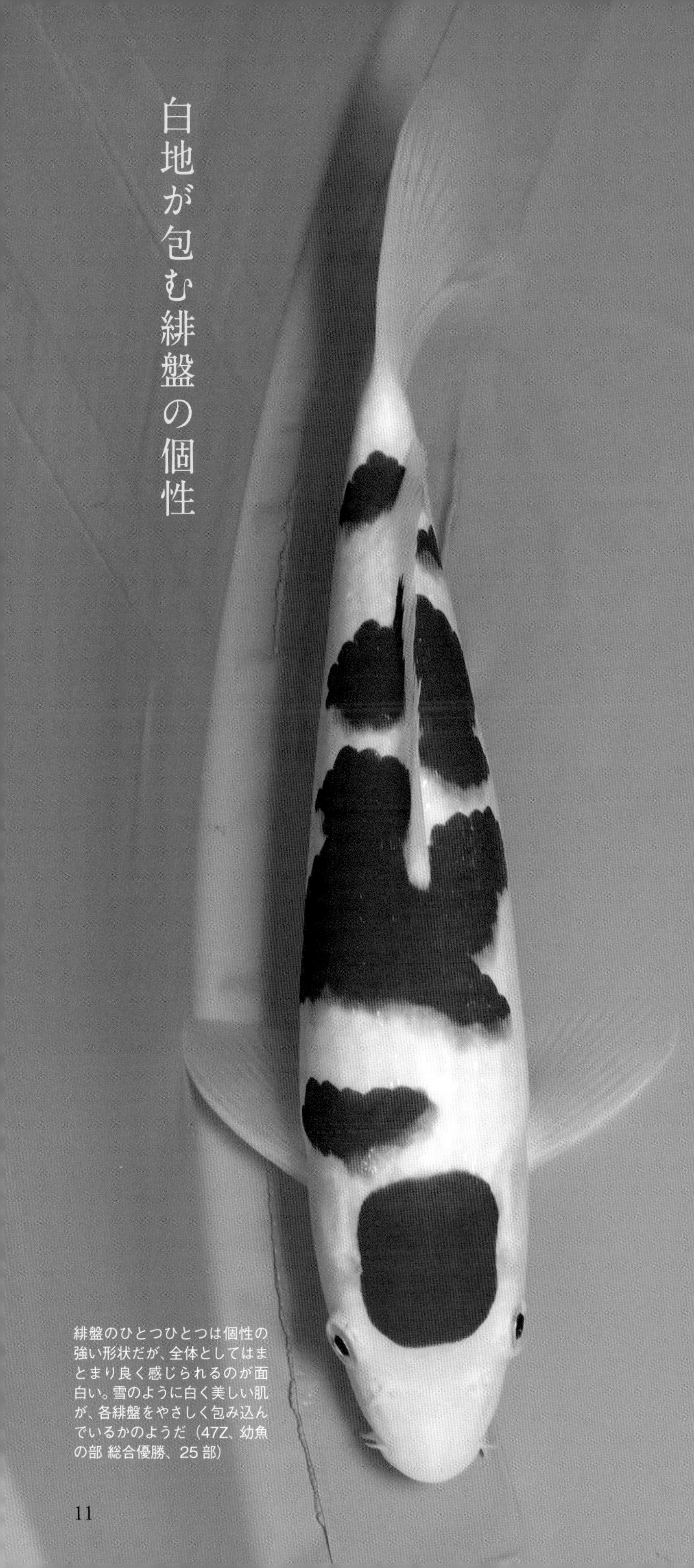

緋盤に大きく切れ込みが入ることで体の中心に白地が見え、目を引くポイントとなった。（3KY、36 部 総合優勝）

安定感のある 4 段紅白。C の字状の緋盤が個性を演出する（46Z、若鯉の部 総合優勝、35 部）

緋盤のひとつひとつは個性の強い形状だが、全体としてはまとまり良く感じられるのが面白い。雪のように白く美しい肌が、各緋盤をやさしく包み込んでいるかのようだ（47Z、幼魚の部 総合優勝、25 部）

大正三色

Taisho sanshoku ／ Taisho sanke

紅白の体に、黒い墨模様をポツポツと点在させたような品種です。特徴のひとつとして、頭部に墨が入ることはほとんどありません（小さい頃に墨が入っていても、成長と共に消えることが多い）。最近は後に紹介する昭和三色のような大墨《おおすみ》の大正三色も作出され、判断しづらい個体もいますが、墨・紅の質が大正と昭和では異なるので、たくさんの個体を見て感覚を養っていけば判別できるようになるでしょう。

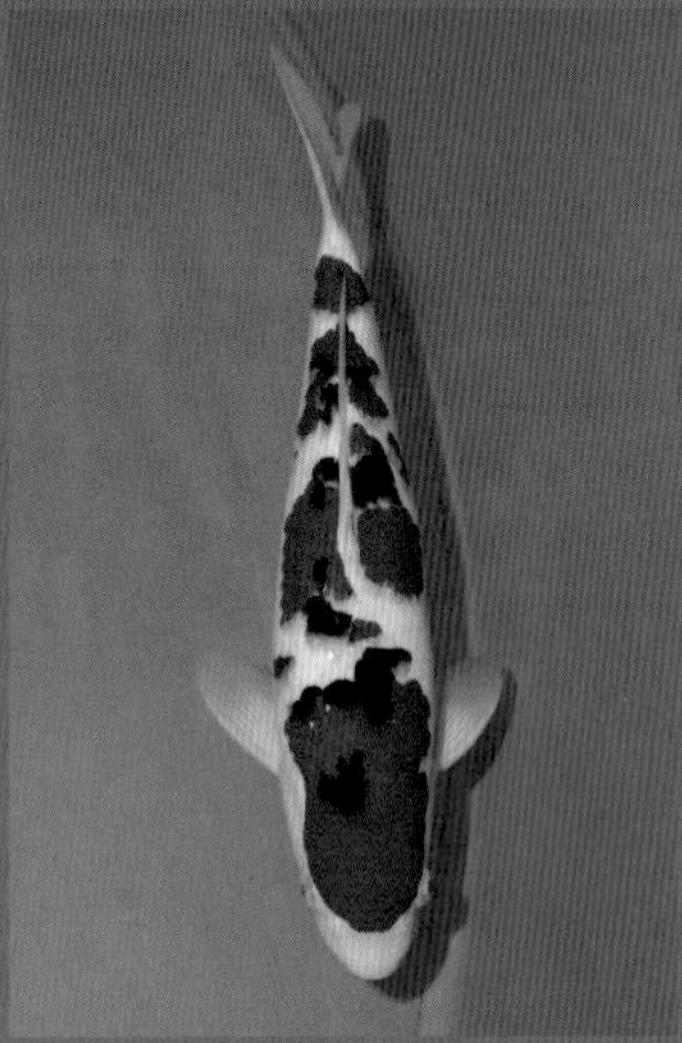

その軽やかな泳ぎを象徴するように、緋盤と墨がとてもバランス良く、そして、華やかに配置されている。白地、緋盤、墨、どの発色も文句のつけようがない（3KY、大会総合優勝、36部）

緋盤と墨が織り成すハーモニー

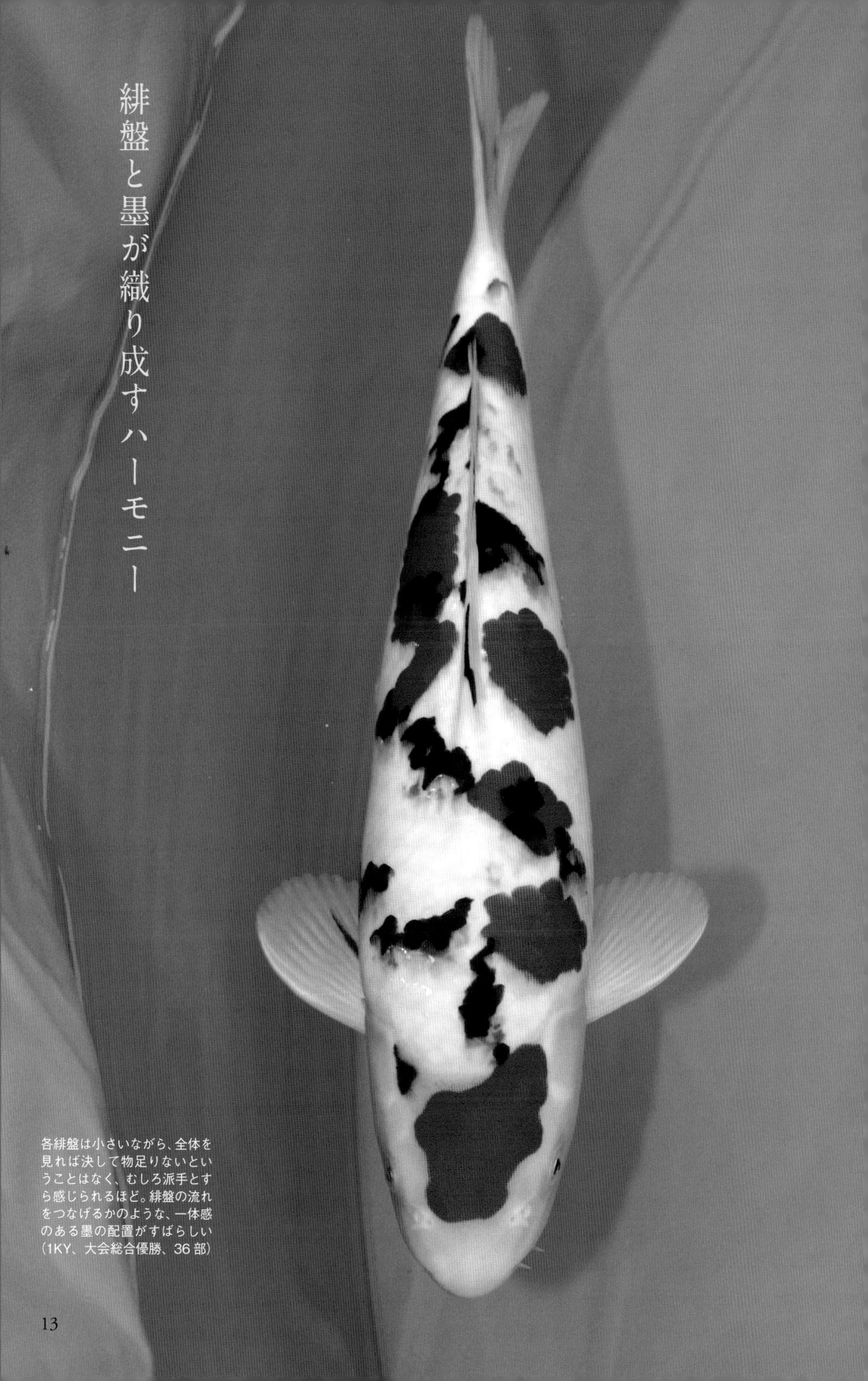

各緋盤は小さいながら、全体を見れば決して物足りないということはなく、むしろ派手とすら感じられるほど。緋盤の流れをつなげるかのような、一体感のある墨の配置がすばらしい（1KY、大会総合優勝、36部）

墨と緋盤の〝バランス〟が描く、様々な三色の美

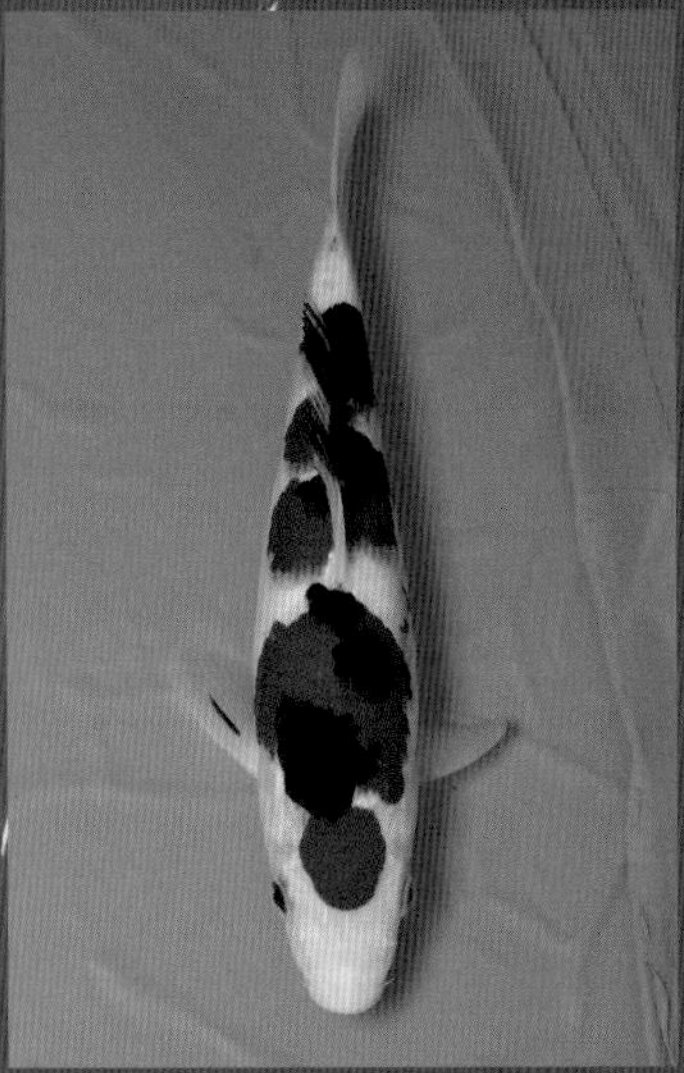

円形の緋盤に重なり合うように、スポット状の墨が乗ることで模様に統一感が現れている（48Z、国魚賞、25部）

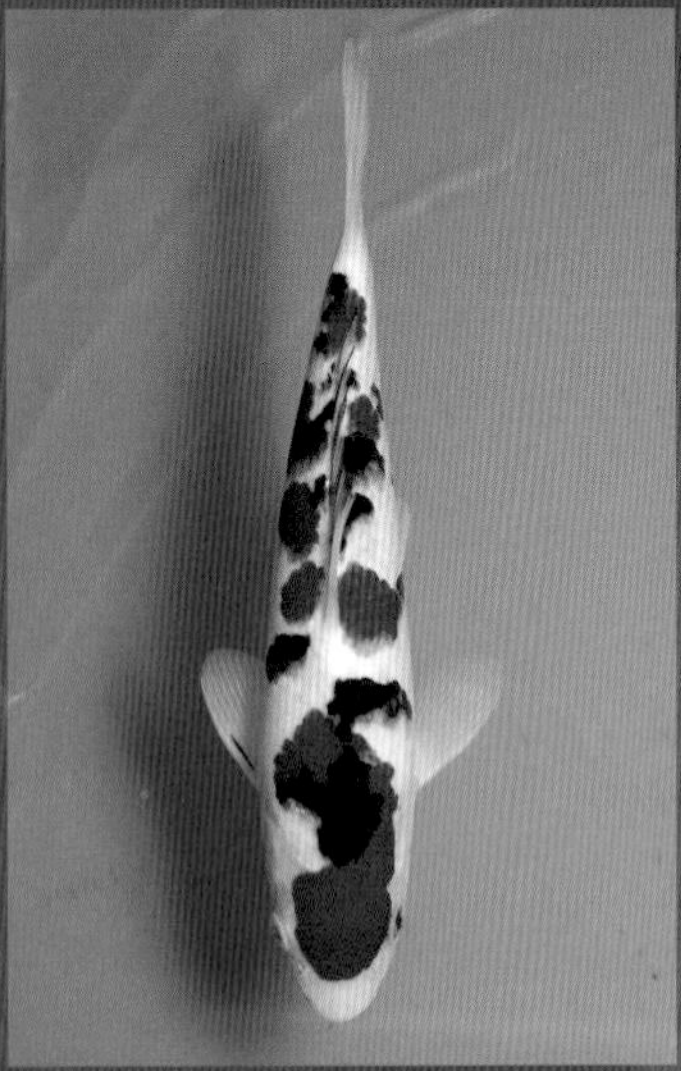

散りばめられた小斑の間に収まるように墨が現れ、三色らしい清楚な美しさが描かれている（46Z、国魚賞、25部）

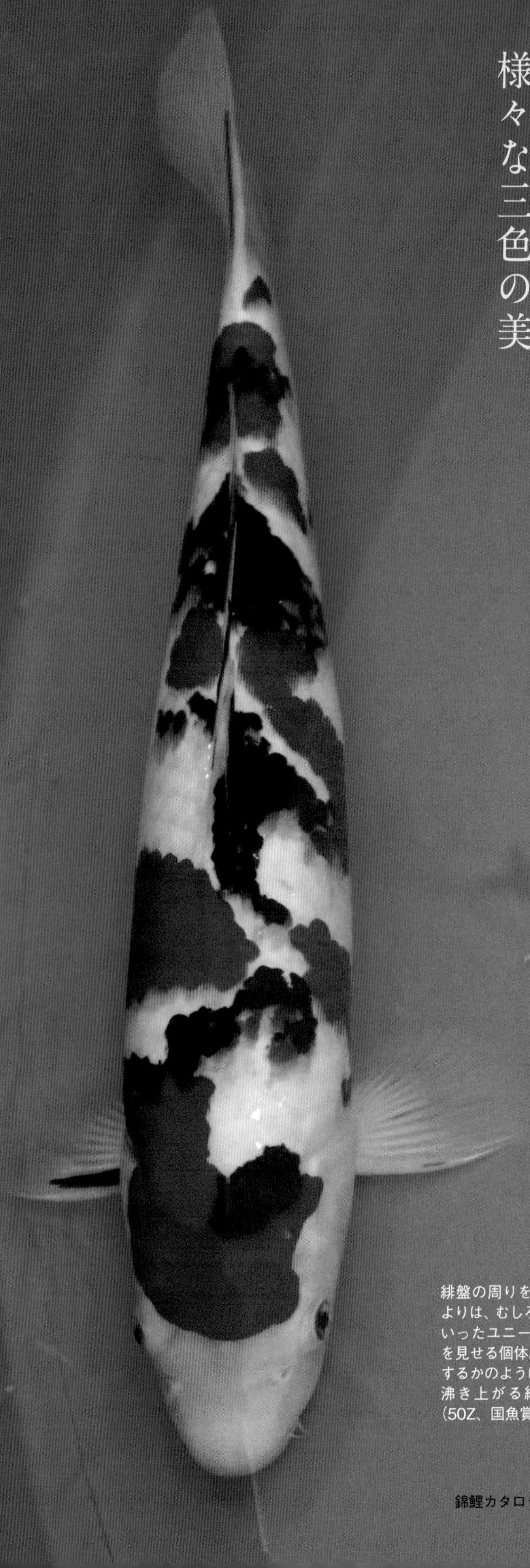

緋盤の周りを墨が飾るというよりは、むしろ墨が主役！　といったユニークな模様の配置を見せる個体。力強い墨と呼応するかのように、体の左右から沸き上がる緋盤も格好いい（50Z、国魚賞、40部）

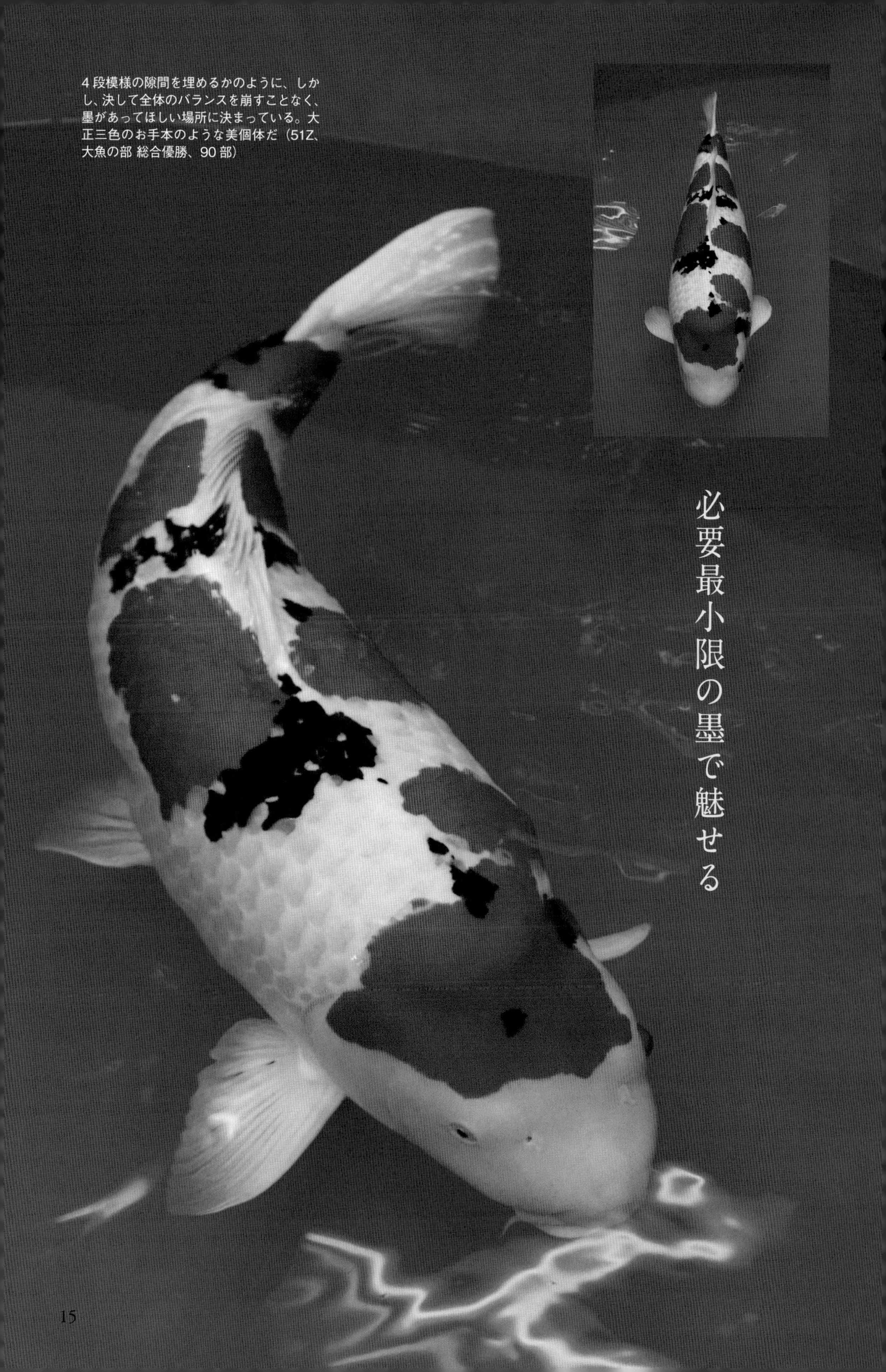

必要最小限の墨で魅せる

4段模様の隙間を埋めるかのように、しかし、決して全体のバランスを崩すことなく、墨があってほしい場所に決まっている。大正三色のお手本のような美個体だ（51Z、大魚の部 総合優勝、90部）

墨が描く、大正三色の表情

まるで見せ場を作るかのような緋盤の配置が見事。体の中央にできた白地のスペースには、S字状の墨が躍る（48Z、成魚の部総合優勝、55部）

筆を振るうというよりは、筆先に付けた墨汁を飛ばしただけのようなごく少量の墨、しかし、これで十分と思わせるだけの個性が生まれている（43Z、吉田廣賞、90部）

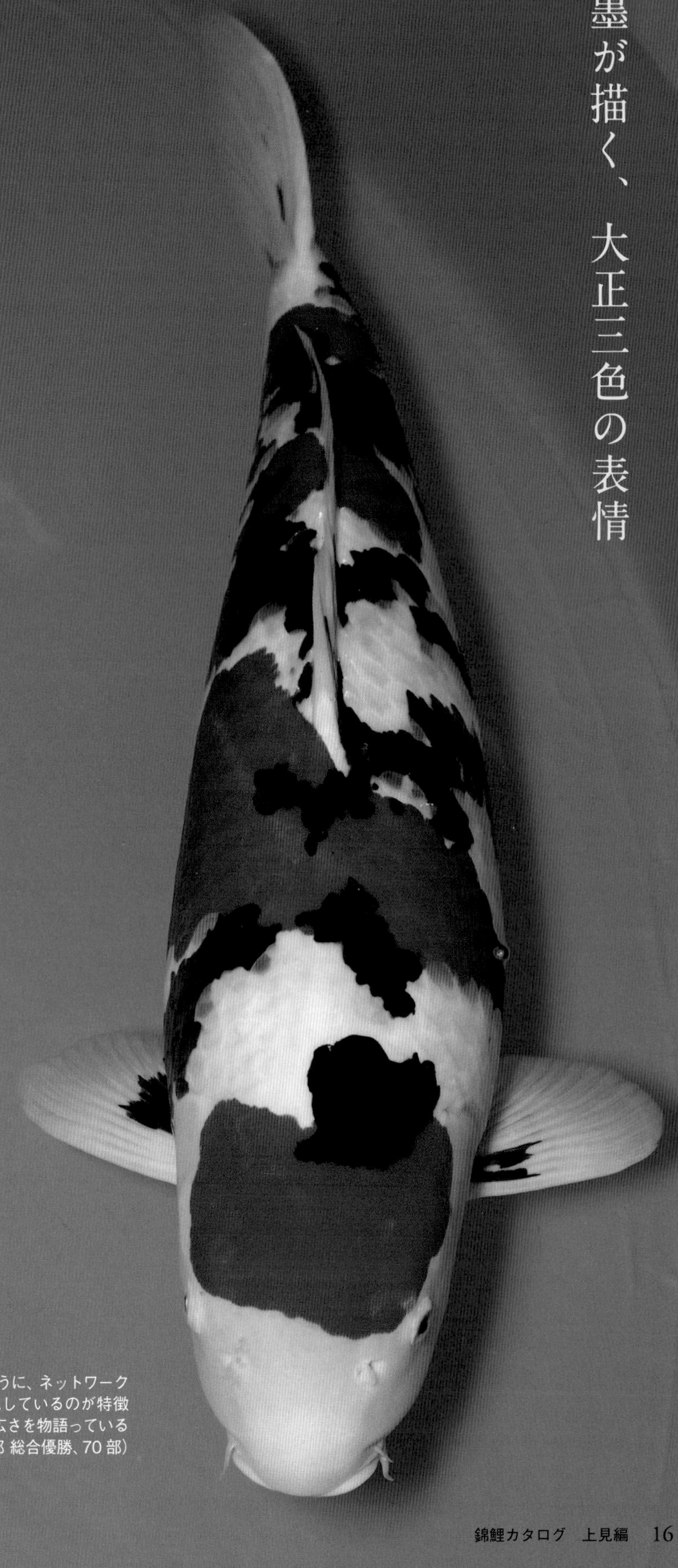

体に刻み込まれた紋様のように、ネットワーク状の墨は濃く、力強く発色しているのが特徴的。大正三色の表現の幅の広さを物語っているかのようだ（48Z、壮魚の部 総合優勝、70部）

緋盤が彩る、大正三色の個性

記号のような形状の緋盤とスポット状の墨が組み合わさって、独創的な絵が描かれた（49Z、巨鯉オスの部 総合優勝、90 部）

安定感のある 4 段模様の間に墨が現れ、シンプルながら大正三色らしい美しさがあふれている（45Z、成魚の部 総合優勝、55 部）

特徴的なコの字型の緋盤を 3 つ並べた個体。特筆すべきは、それらの内側にピンポイントで墨が収まっていること。その姿にはお見事としか言いようがない（49Z、巨鯉の部 総合優勝、80 部）

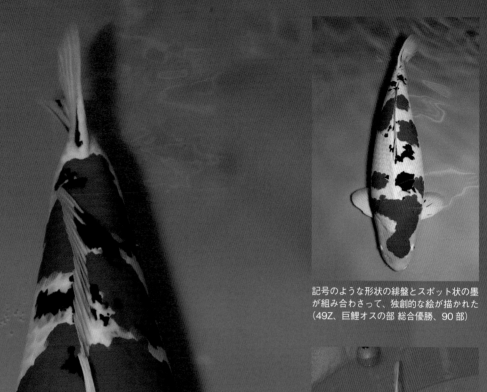

昭和三色

Showa sanshoku

大正三色同様、紅、墨、白地の三色から構成されますが、墨がスポット状に入る大正に対して、本品種は墨が線あるいは面状で、背と腹を巻くように入るのが特徴です。大正三色に比べると、墨がダイナミックで男性的ともいえるでしょう。口先から頭部にかけて墨を持つことが多く、幼魚の時に墨がなくても、成長につれ出てきます。

どの角度から見ても〝絵〟になる！

緋盤と墨が大胆に絡み合いながらも、白く抜けた右目など、所々に覗く白地が見所を作っている。正面からはもちろん、側面から見ても美しさを感じられる逸品だ（43Z、大会総合優勝、85部）

筆先のように真っ黒に染まった口先が、この個体の個性、存在感を唯一無二のものとしている（48K、70 部総合優勝 1 位）

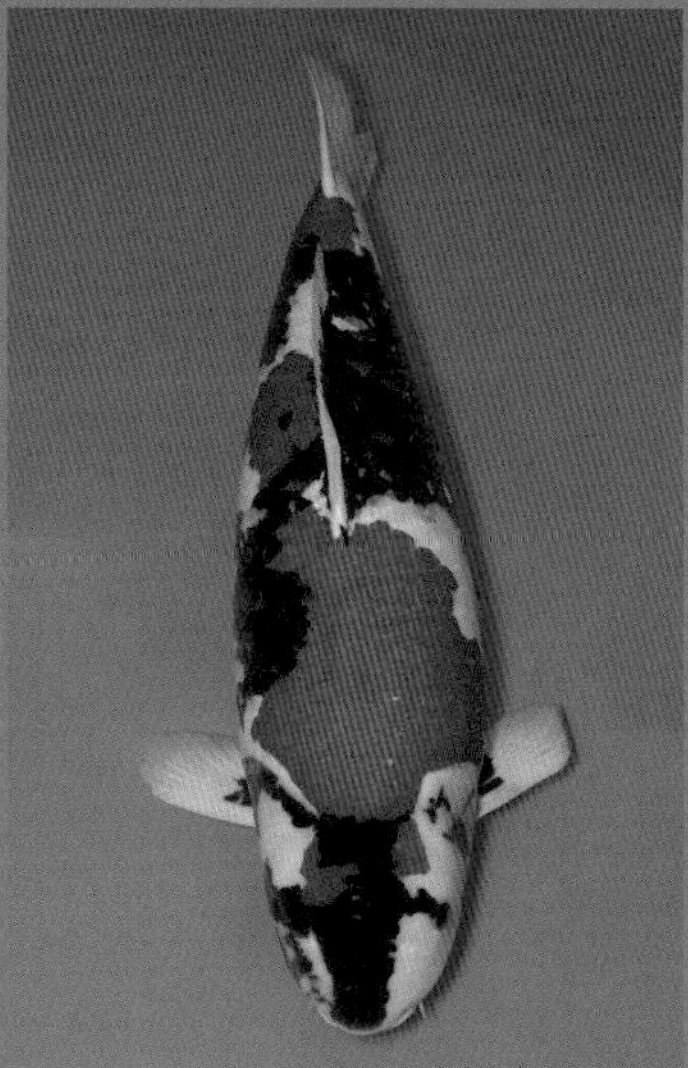

中央の緋盤を魅せるためにあるかのような墨の配置。かすれた墨の隙間から覗く紅も魅力的な情景を描く（45Z、大会総合優勝、90 部）

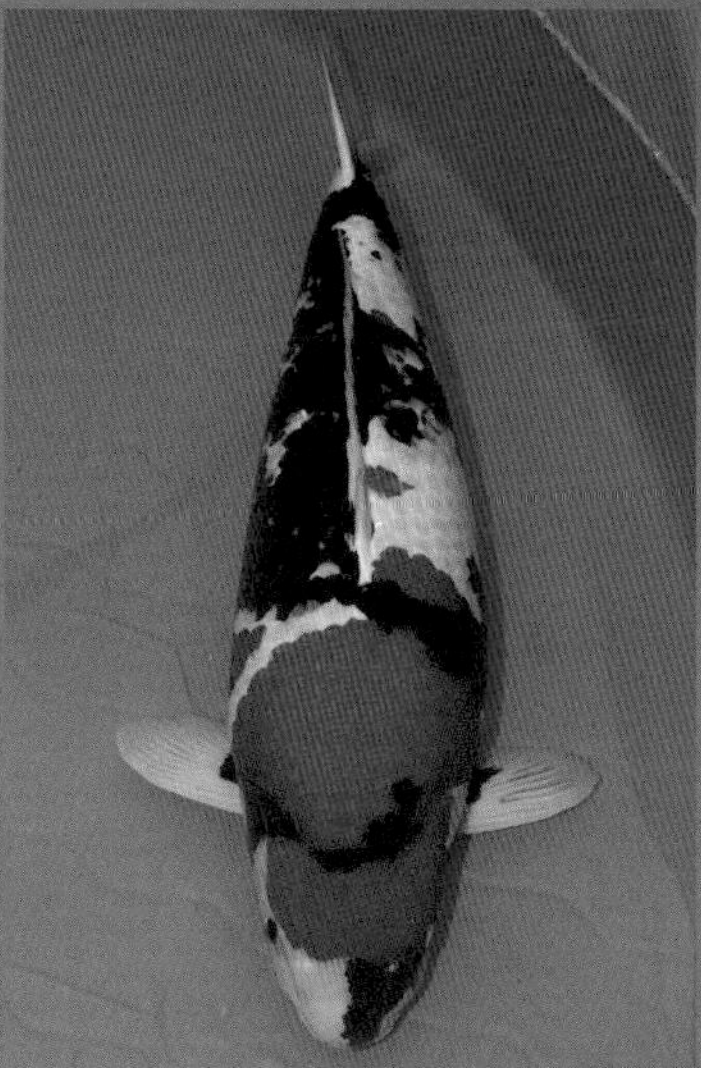

3 色の大胆な塗り分けが迫力を演出している。半面だけが黒く染まった口先もチャームポイント（55N、水産庁長官賞、80 超部）

若鯉の背で躍動する墨

36部というサイズながら、力強く、自由に暴れ回る墨の迫力は、決して大型個体にも引けを取るものではない。黒く染まったヒレもその勢いを象徴するかのようだ（1KY、ヤングの部 総合優勝）

各色が交互に並び、安定感のある美しさを感じさせる個体。その中で、頭部に入った墨、肩の白地がアクセントとなっている（51Z、若鯉の部 総合優勝、40 部

3 段の緋盤の上に重なる墨が、その美しさを損なうことなく、統一感のある模様を作り出した（46Z、幼魚の部 総合優勝、25 部）

ダイナミックな曲線を描く緋盤と、それを脇から支える墨により、シンメトリックな模様が描かれている（1KY、36 部優勝）

頭部の鉢割れ模様を起点に、墨が緋盤の間を縫うように走り、実寸以上の存在感を演出する（3KY、ヤングの部 総合優勝、36 部）

2色で作るコントラストの美

白写り（白写し）

Shiroutsuri ／ Shiroutsushi

御三家（紅白、大正・昭和三色）に次ぐ人気品種で、簡単にいえば昭和三色から紅をなくしたものです。白地の美しい個体は墨が際立ち、池に泳がせれば他の鯉までをも引き立てるでしょう。昭和三色同様、胸ビレに元黒《もとぐろ》があるものが尊ばれます。また、尾ビレ付け根の片側が白で、反対側が黒、あるいは両方共白いものが美しく、背ビレ後方がすべて黒く覆われているものは「袴《はかま》」と呼ばれ、喜ばれません。

頭部の複雑な形状の墨模様が特徴的。特に、左眼だけにかかる墨は眼帯のようにも見え、その表情を印象的なものにしている（51Z、桜大賞、85部）

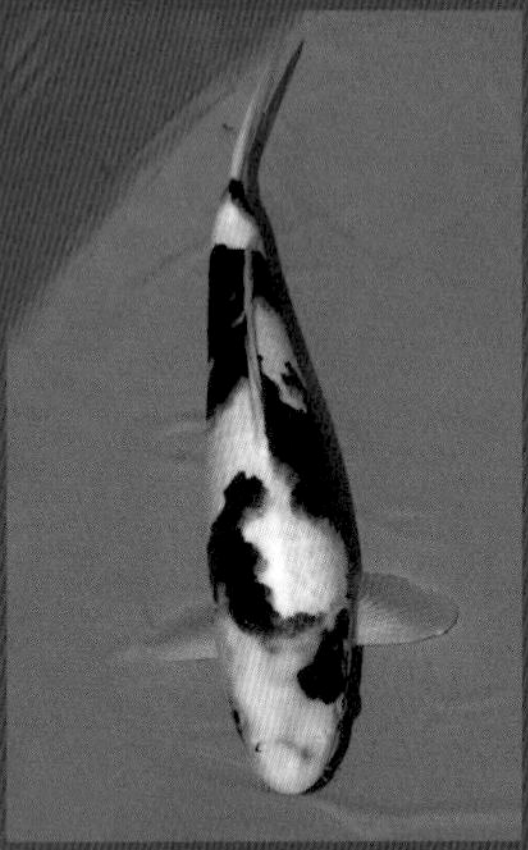

体軸を境に色彩が反転したかのような墨と白地の組み合わせが面白い。陰と陽の世界を描くかのよう（43Z、国魚賞、35部）

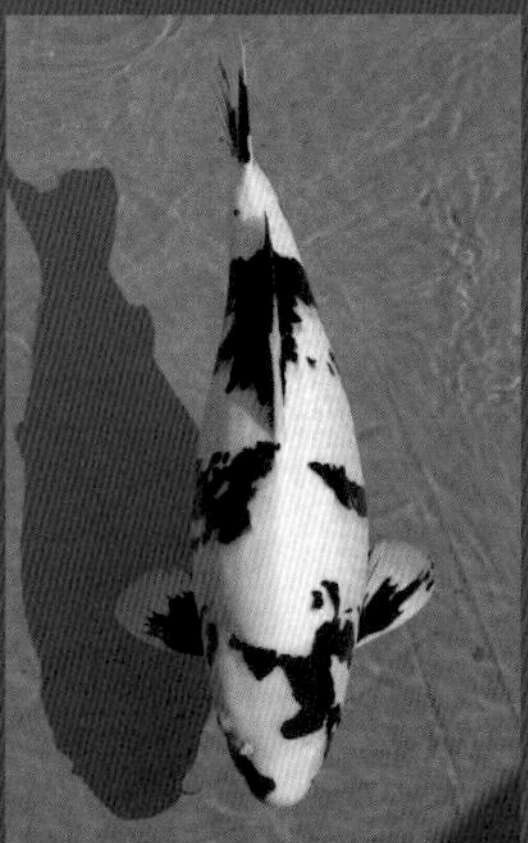

白地は多く見えるが、墨が体の要所を押さえるように現れ、上品にまとまっている（49K、60部総合一位）

燃え上がる体色と共に暴れる墨

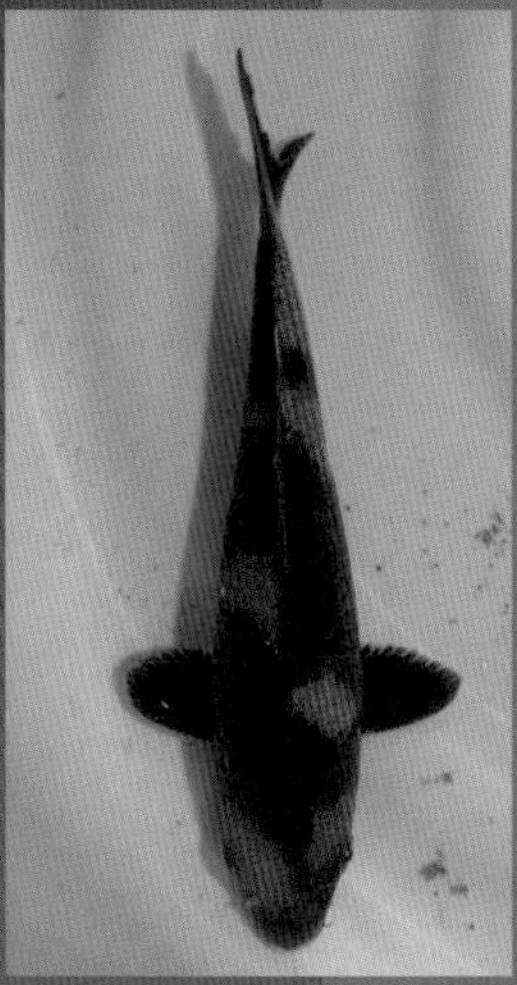

緋写り

橙の地を墨がほぼ覆うことで、別品種と感じられるくらい異質な姿を見せる個体。成長後の姿も見てみたくなる（1KY、金賞、18部）

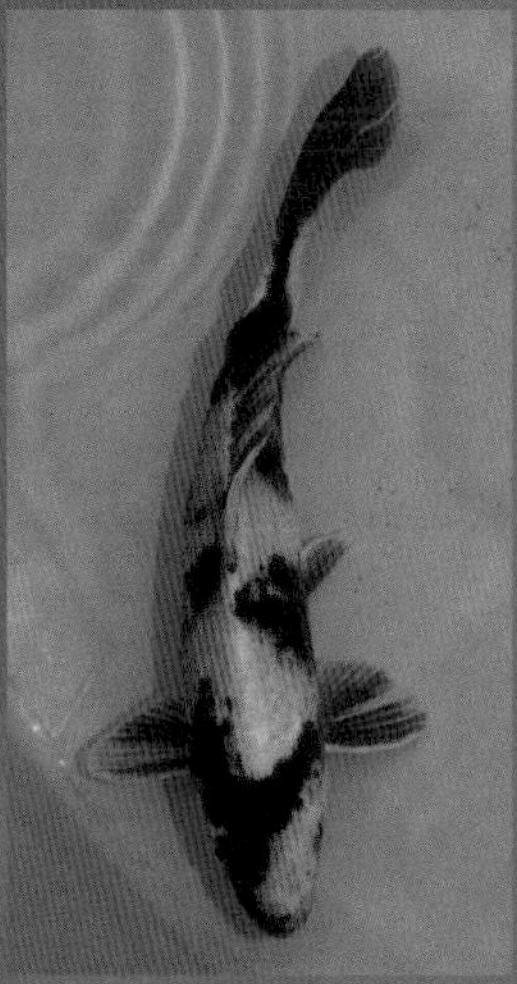

黄写り

Kiutsuri

黄色の地に写り墨を持つ品種。虎を彷彿させるような優雅な姿であるが、見かける機会はそう多くない（1KY、金賞、24部）

緋写り

Hiutsuri

白写りの白地を橙（だいだい）色に置き換えたもの。ただし、その体色には個体差があり、腹の下の方までしっかり色が乗って白が入らないものがよい。この個体は赤みが濃く、墨も荒々しく入り、迫力にあふれている（46Z、牡丹賞、55部）

白別甲

Shirobekko

大正三色から紅をなくしたものであり、同品種を生産する際に同時に見出されます。白写り同様、白地がきれいで、艶のある漆のような墨をまとまって持つものが好まれます。

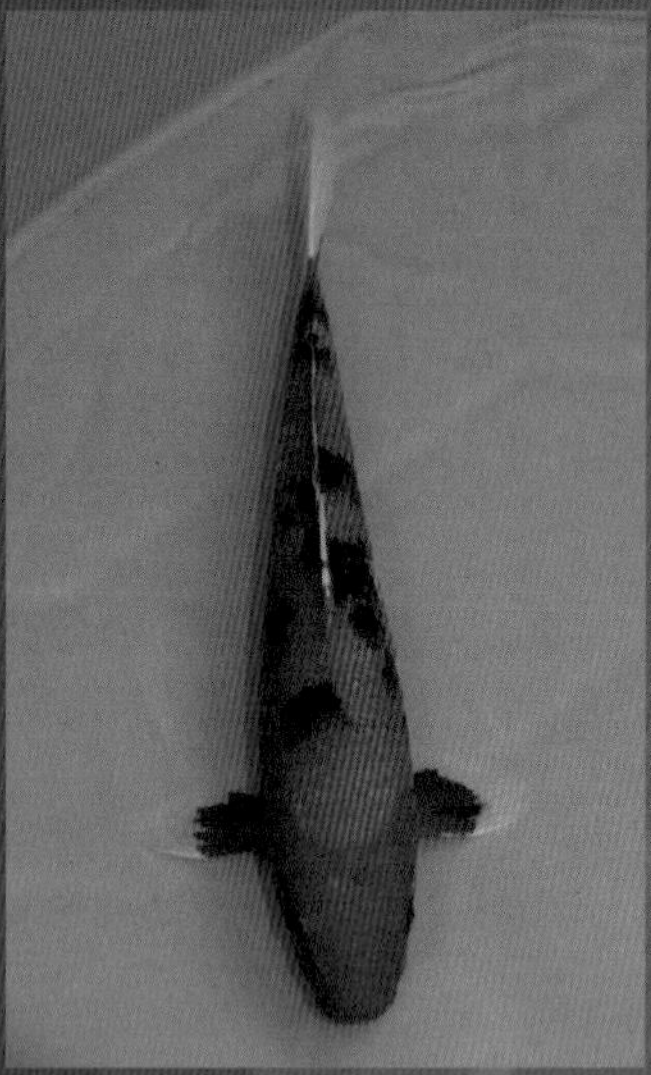

赤別甲

Akabekko

地色が赤い品種で、見かける機会は少ない（地が黄色の黄別甲という品種も存在する）。付け根が赤く、外縁が白く染まった胸ビレも美しい（1KY、金賞、33部）

ポタポタと垂れた墨で表現されるのは、侘び寂びを感じさせるような情景。ずっと眺めていられるような不思議な魅力を持つ個体だ（48Z、種別優秀賞、70部）

墨の雨が、白地を粋に染め上げる

尾から頭部に至るまで広範囲に渡って墨が乗り、別甲のイメージを覆すくらい派手な個体。同じ品種であっても、墨の位置、量次第で、ガラリと印象が変わるのが錦鯉の面白さである（48K、優勝一席、60部）

浅黄

Asagi

ウロコが描く紋様と〝ブルー〟

錦鯉改良の元となった品種とも言われます。鯉のウロコ並みをもっとも堪能できる品種で、着物のようにきれいだと女性にも人気があります。基本色は藍色で、腹は橙色。ウロコの並びがきれいなものが尊ばれ、頭部はシミがなく、薄いグレーの無地が良いでしょう。

腹部の紅が頭部から尾にかけて一直線に走るものが、良い浅黄の特徴。ただし、紅は成長につれて背の上の方へ上がる傾向があるため、幼魚の頃は紅がうっすらあるくらいでいい（42Z、種別日本一賞、85）

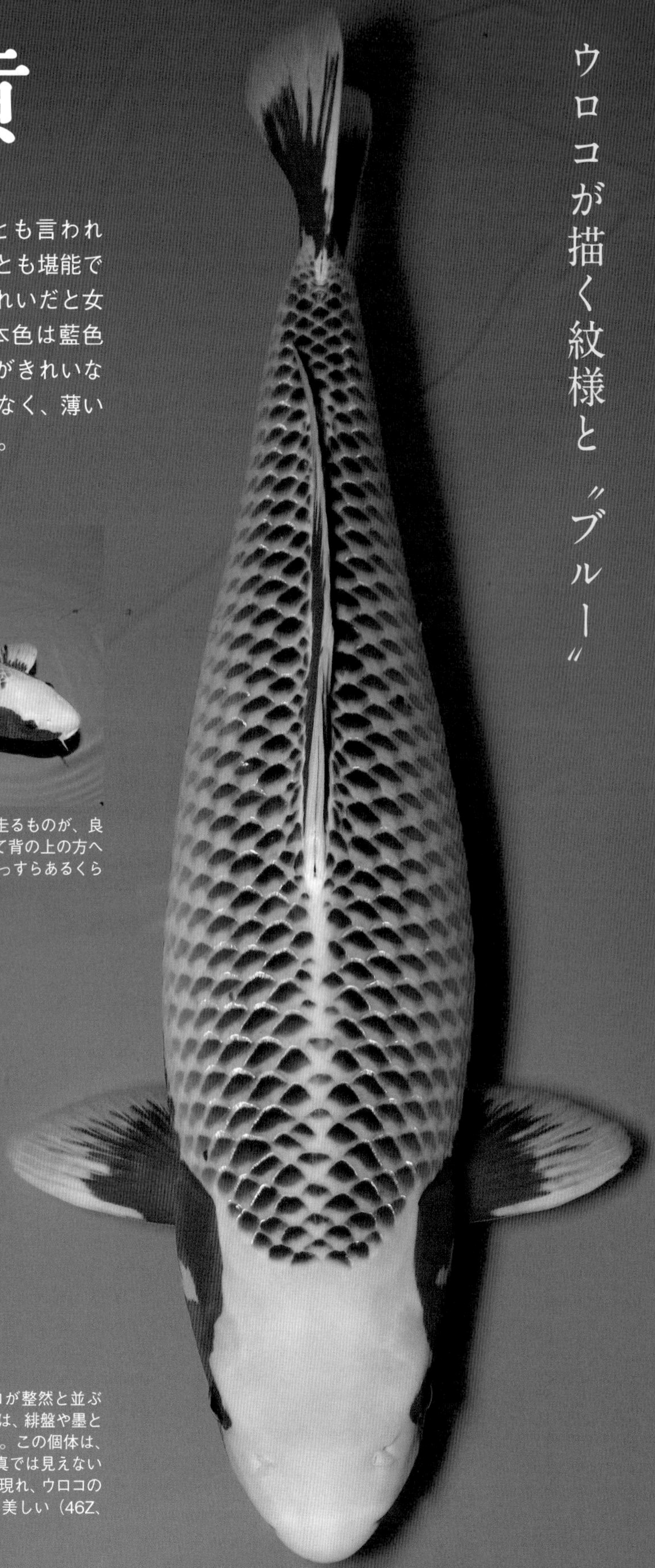

銀色に縁取られたウロコが整然と並ぶことで描かれた網目模様は、緋盤や墨とはまた異なる魅力がある。この個体は、頭部や各ヒレ、腹部（写真では見えないが）には左右均等に紅が現れ、ウロコの藍色とのコントラストも美しい（46Z、牡丹賞、75部）

秋翠

Shusui

浅黄をドイツ鯉化したもので、東京の秋山吉五郎氏により作出されました。浅黄同様に頭部はシミがなく無地で、背のウロコも左右均等に揃っているものが良いでしょう。腹部だけでなく、側線より上の部分まで紅があるものもおり（花秋翠・緋秋翠）、浅黄より派手な姿を楽しめます。浅黄と共に青色をベースにした鯉は他になく、ぜひ池・水槽に迎えたい品種です。

目指したのは、澄み切った秋空

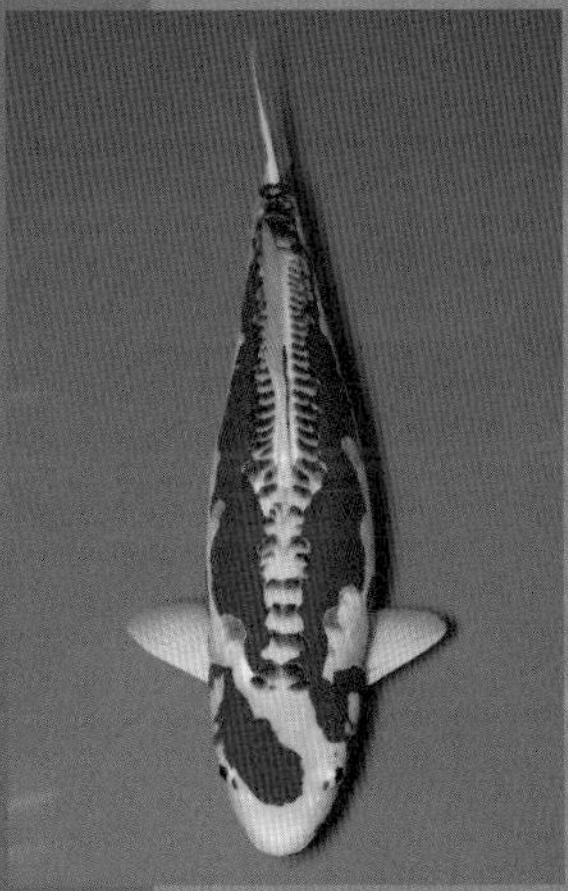

まるでファイヤーパターンのように背の赤いラインが波打ち、頭部にも紅が入ると、攻めた（？）デザインの個体（46Z、牡丹賞、65部）

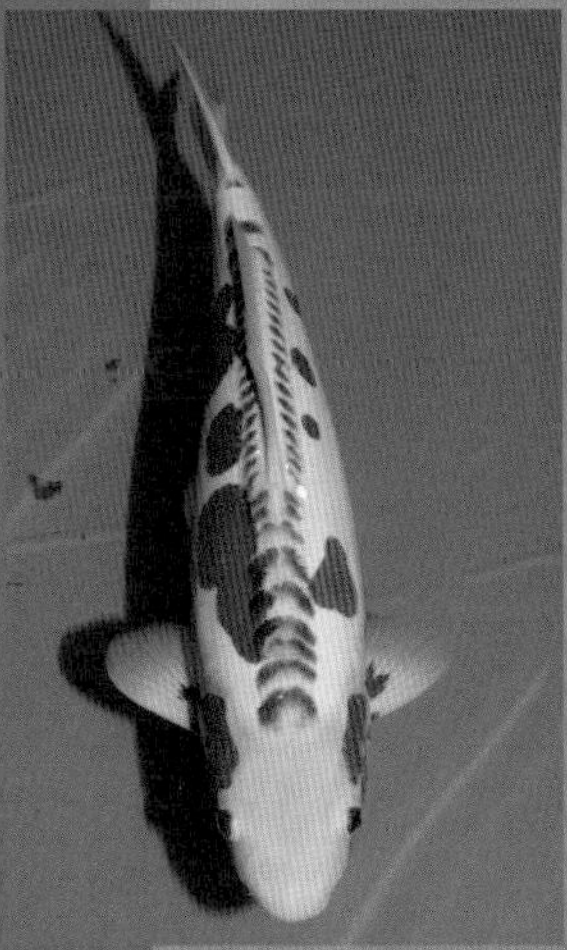

背にラインでなく、緋盤が現れる表現を花秋翠と呼ぶ。錦鯉の数ある品種の中でも、抜群の愛らしさを誇る（44Z、優勝、45部）

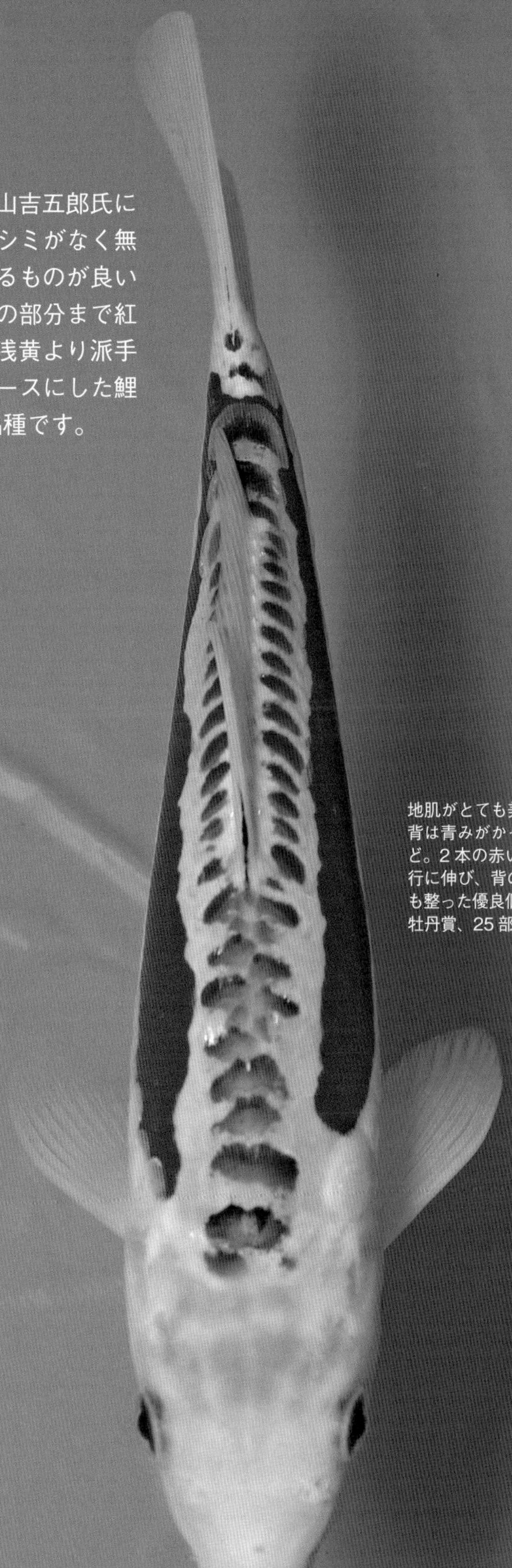

地肌がとても美しく、その背は青みがかって見えるほど。2本の赤いラインは平行に伸び、背のウロコ並みも整った優良個体だ（46Z、牡丹賞、25部）

衣

Koromo

紅白が持つ緋盤上のウロコに、三日月状の黒が乗った品種です。ウロコ一枚一枚にムラなく黒が乗り、点状のシミがないものを良しとします。柄の見方は紅白に準じますが、多少柄のバランスが悪くても、純白の肌地ときれいな藍色の組み合わせは池の中でも目立つことでしょう。衣の色の濃さにより、「藍衣《あいごろも》」「葡萄衣《ぶどうごろも》」などに分けられますが、現在は藍衣が主流となっています。

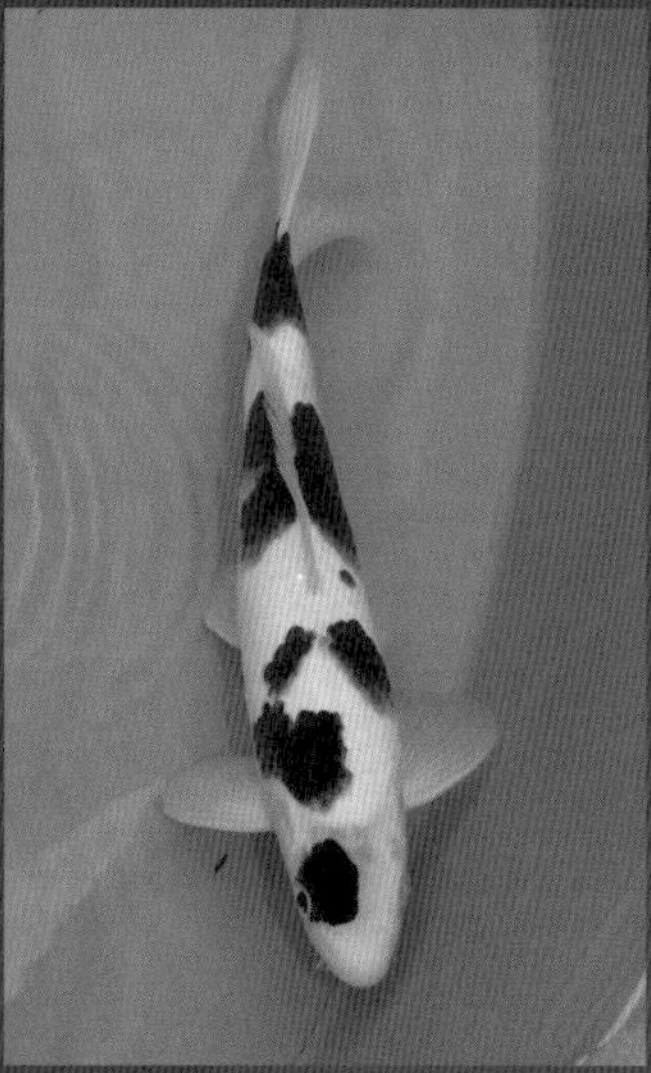

葡萄衣

Budou goromo

緋盤の上に全体的に黒が乗ったものを葡萄衣と呼ぶ。写真の個体は緋盤が茶色く変化しているが、その程度は個体によって様々（1KY、金賞、30部）

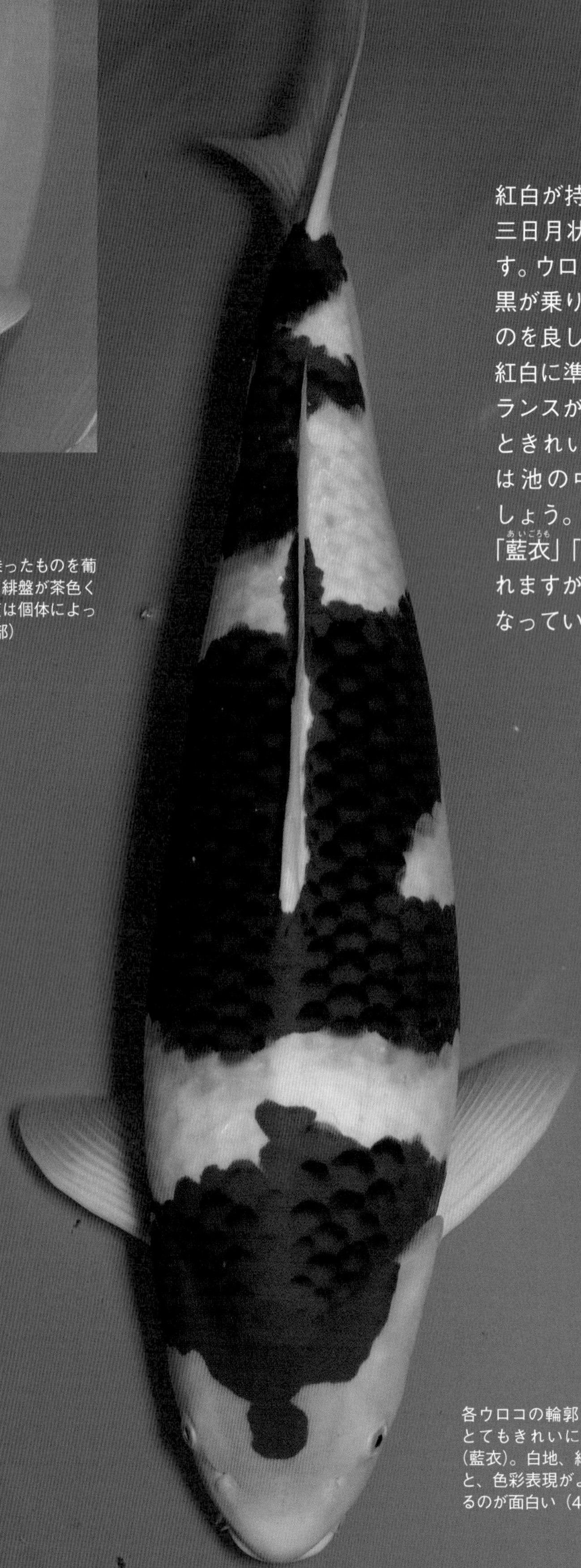

各ウロコの輪郭がわかるくらい、とてもきれいに黒が乗った個体（藍衣）。白地、緋盤、そして、衣と、色彩表現がより立体的に見えるのが面白い（48Z、椿賞、65部）

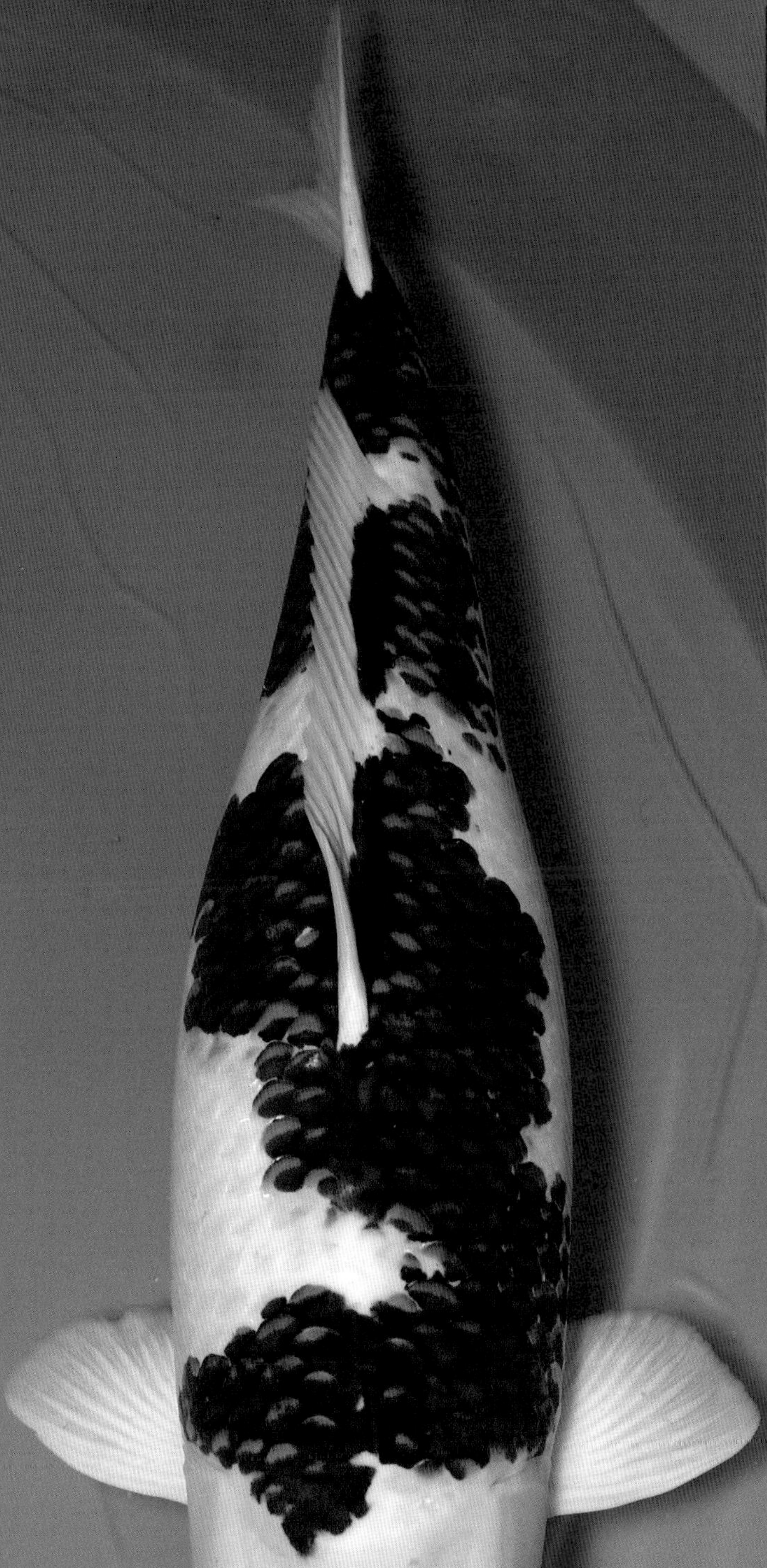

衣昭和

Koromo showa

昭和三色の緋盤に黒が乗ったもの。この個体は昭和三色として見ても模様が決まっており、2 種類の墨が楽しめる（49Z、椿大賞、85 部）

妖気を放つ緋盤

緋盤の一部が灰色になり、また、ぐねぐねとうねる緋盤の形状も相まってか、妖しげな雰囲気を身にまとう個体だ。頭部の丹頂模様にしっかり墨が乗っていることにも注目（46Z、椿賞、85 部）

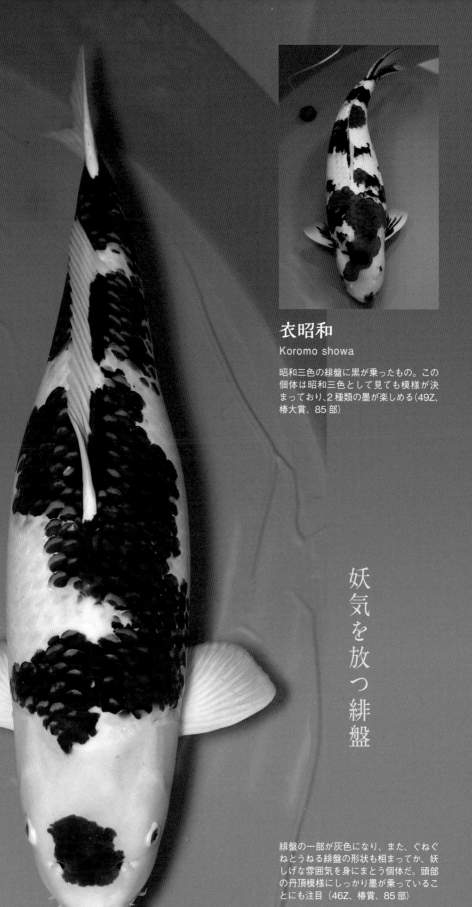

五色

Goshiki

浅黄のようにウロコに黒い斑紋の入る地肌に、緋模様を乗せたパターンを基本とする品種です。この緋盤には、ウロコ一枚一枚に黒い紋様が入るタイプと、まったく入らないタイプがあり、特に後者は他の品種には見られないような濃い紅が浮き出るものもおり、人気があります。また、地肌の色彩にも幅があり、黒いもの、白いもの、その中間的なものも見られます。

闇夜にきらめく赤い閃光

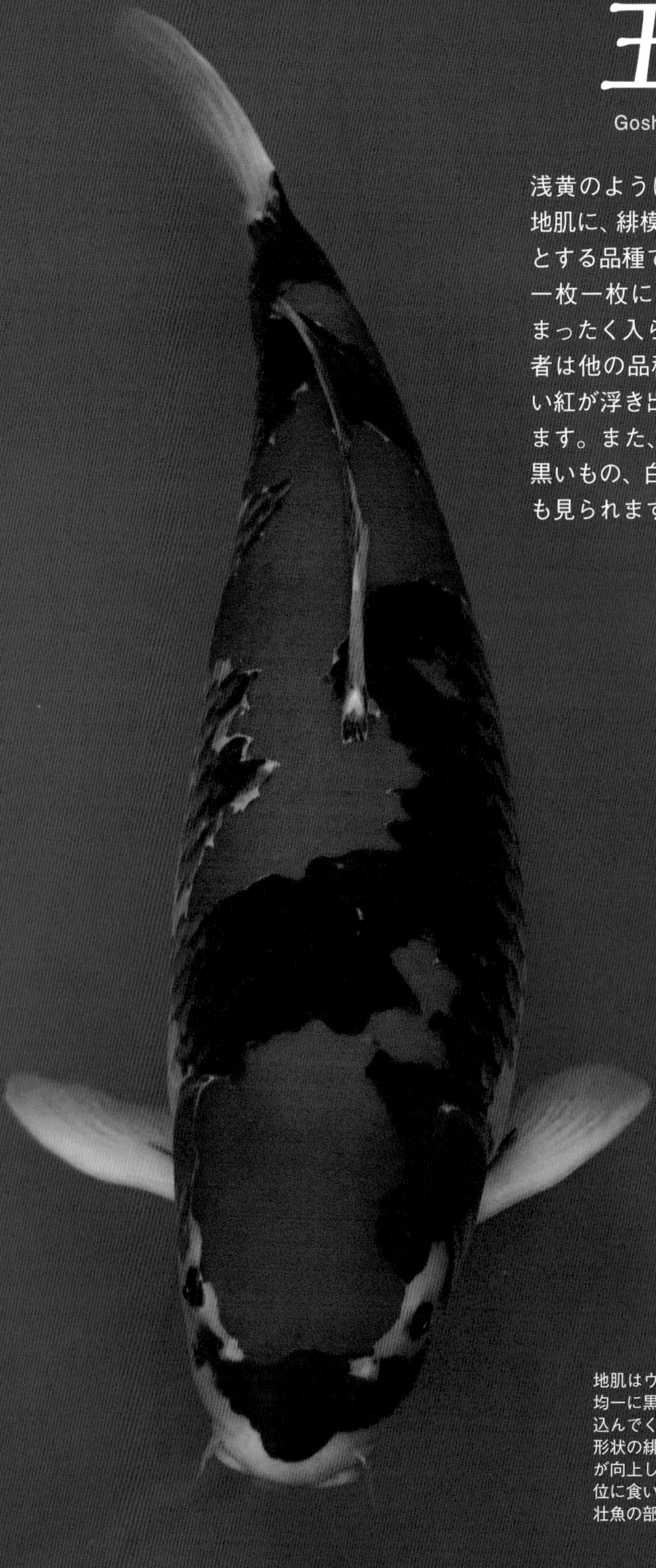

地肌はウロコ全体を塗りつぶすように均一に黒が乗り、その上には目に飛び込んでくるような色鮮やかで刺激的な形状の緋盤が走る。近年、五色は品質が向上して人気が高まり、品評会で上位に食い込むことも珍しくない（51Z、壮魚の部 総合優勝、70部）

移りゆく色彩も、また味わい深し

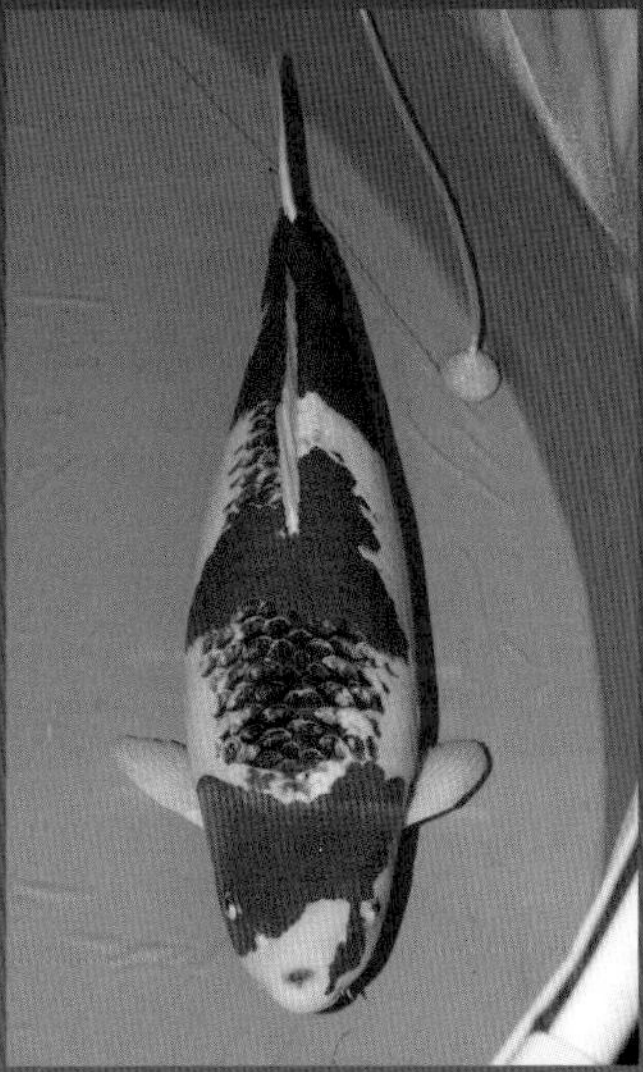

背を中心に墨が現れた個体。地肌が白く美しいことから、五色ならではの緋盤の赤みとのコントラストが際立つ（44Z、桜大賞、85部）

五色は成長や季節によって地肌の色彩が変化する（60ページ参照）。写真の個体は体の中央が黒く染まり、側面には白地が見えるものの、この状態も味わいがある。それは、昭和などとはまた異なる“三色”の美しさといえるだろう（49Z、桜賞、70部）

〝自由〟が生み出す緋盤の美

もちろん、五色の緋盤は個性的な形状だけが魅力ではない。段模様が乗れば、紅白にも負けない美しさを誇る（46Z、桜賞、45部）

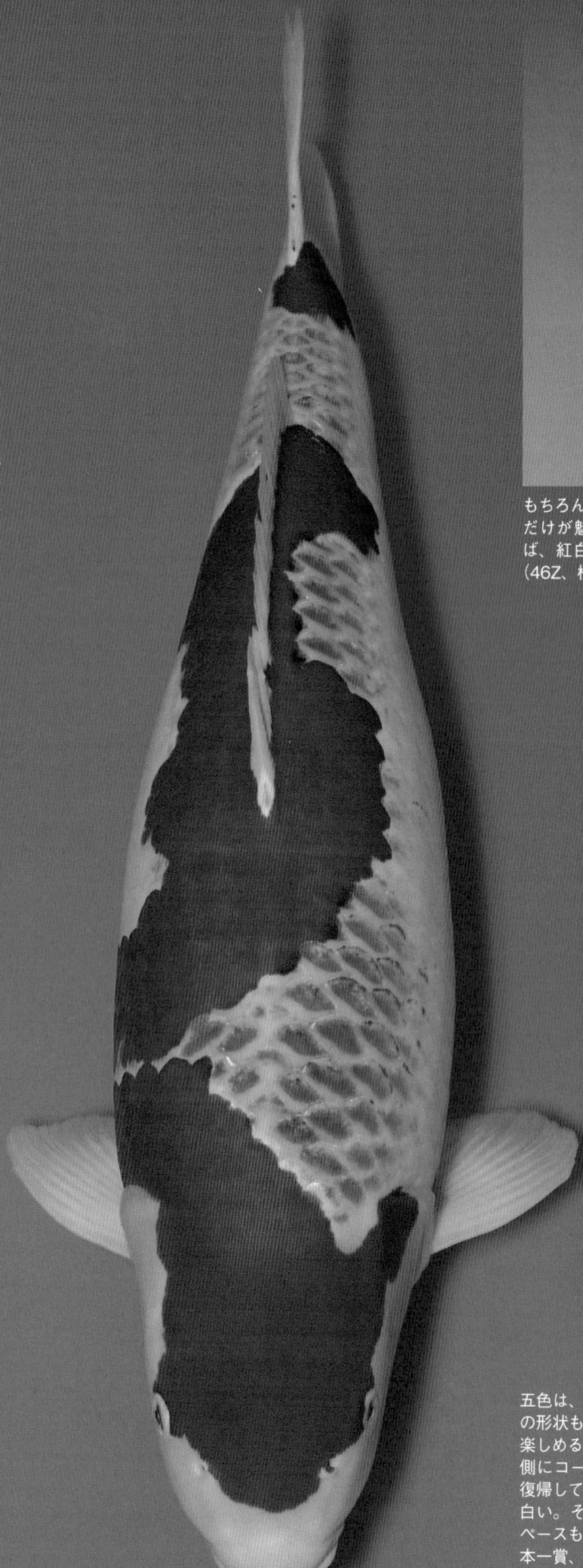

五色は、地肌の色彩だけでなく、緋盤の形状も自由度が高く、様々な表現を楽しめる。写真の個体の稲妻模様は左側にコースアウト（?）と思いきや、復帰して頭部でまとまっているのが面白い。その分、肩に地肌を見せるスペースも生まれている（45Z、種別日本一賞、75部）

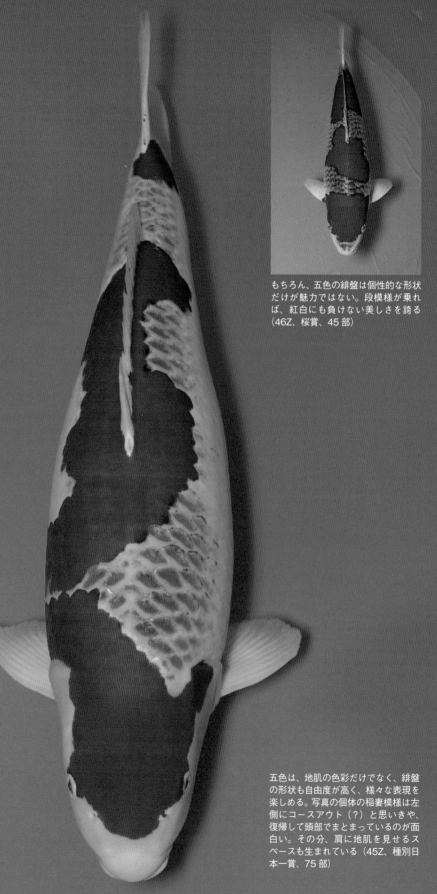

白く抜けた肌が表情を豊かに

こちらは口先まで地肌全体が黒く染まることで、段模様の“流れ”が途切れることなく活かされている（48Z、桜賞、50部）

黒く染まった地肌には、まるで火の粉のように緋盤が舞って格好いい。何より特徴的なのは顔が白く抜けていることで、一度見たら忘れられないような個性あふれる姿、表情が作られている（46Z、桜賞、55部）

九紋竜

Kumonryu

白い地肌に、頭部から尾にかけて流れる雲のような墨を持つドイツ鯉です。ウロコを持たないドイツ鯉であるがゆえに柄も独特で、墨の移動も激しいのが特徴。例えば、夏に墨が一気に消えて真っ白になったかと思うと、冬には墨がどんどん出てくることもあります。白くなる、あるいは真っ黒になってもあきらめず、じっくりと飼いたい品種です。

墨が表すのは、
雲となり空へ昇る竜

墨の向う先は鯉のみぞ知る？　ぐねぐねに曲がり、分岐しながらも、肩でシンメトリーになっているのが面白い（48Z、椿賞、60 部）

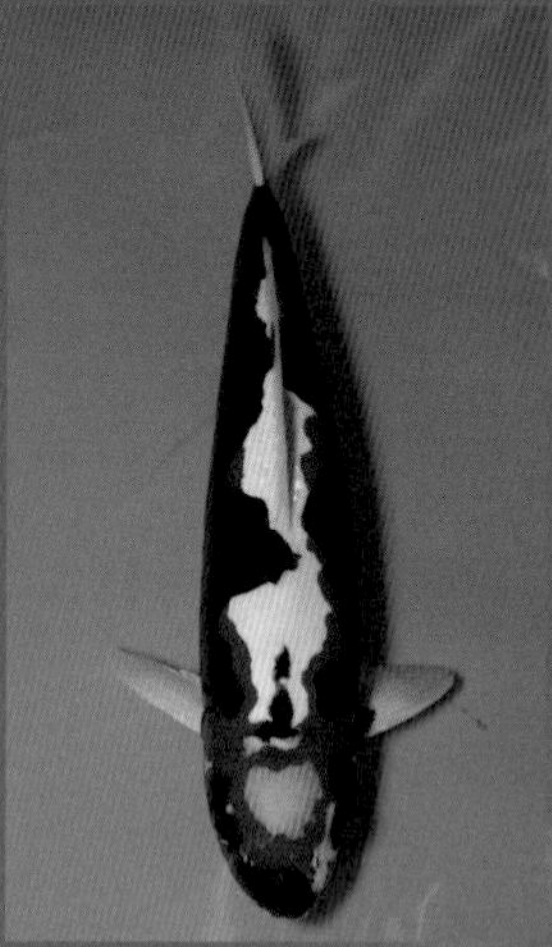

紅九紋竜

Beni kumonryu

九紋竜に紅が乗ったもの。この個体は赤い発色すら飲み込むように墨が現れ、今後の変化が楽しみになる（49Z、椿賞、45 部）

腹部から背にかけて湧き上がるかのように現れた墨模様は、まさしく九紋竜の由来を現しているかのよう（43Z、椿賞、60 部）

松葉

Matsuba

黄金やプラチナなど光無地（次ページで紹介）や、光を持たないオレンジ系など無地の鯉の中で、ウロコの中心部が黒くなる表現を松葉と呼びます。鯉の成長と共にウロコが大きくなると、松葉は黒い部分が強調されるので、さらに美しくなるでしょう。

彫刻を施されたウロコ

金松葉

Kin matsuba

松葉模様を浮かべた黄金。この個体はウロコの黒い縁取りが濃いうえに、光沢も強く、重厚感あふれる姿となっている（49Z、牡丹賞、55部）

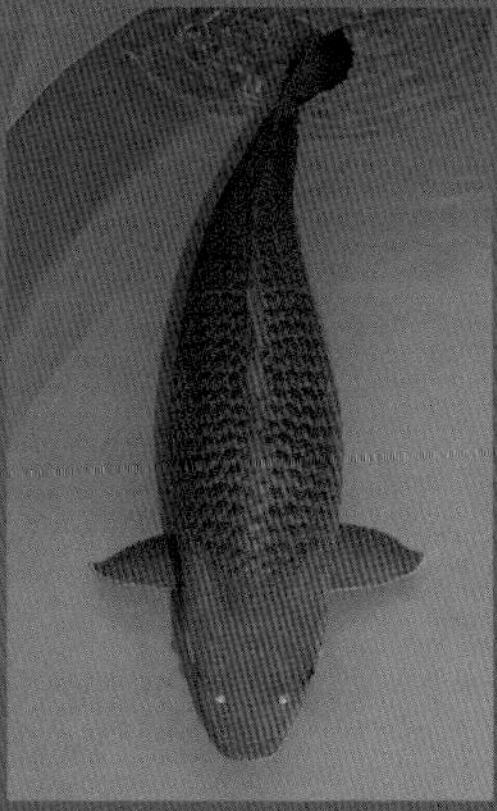

赤松葉

Aka matsuba

大きく体型の良い個体で、赤みの強い地肌に松葉模様を浮かべたその姿は一際目立つ（55N、協議会長特別賞、80超部）

黄松葉

Ki matsuba

山吹色の体の上に松葉模様が濃く現れ、網目が明瞭な個体（55N、優勝一席、80部）

銀松葉

Gin matsuba

松葉模様を浮かべたプラチナ黄金。鎧をまとった西洋の騎士のような、気品あふれる姿が格好いい（51Z、牡丹賞、80部）

黄金、プラチナ黄金

Ougon, Platinum ougon

柄はなく無地で、全身が金色に光る品種を黄金、同様にプラチナに光る品種をプラチナ黄金と呼びます。どちらも頭部に曇りがなく、胸ビレや尾ビレまで光るものが良いとされます。浅黄同様、大きくなるとウロコ並びが目に付くので、乱れのないものを選びましょう。良個体が多く生産され、比較的安価で流通しているのも特徴です。

プラチナ黄金

光を反射するプラチナ色の地肌、きめ細かなウロコの目は、ていねいに彫り込まれた雪像のよう（47Z、牡丹賞、15部）

泳ぐ金塊！

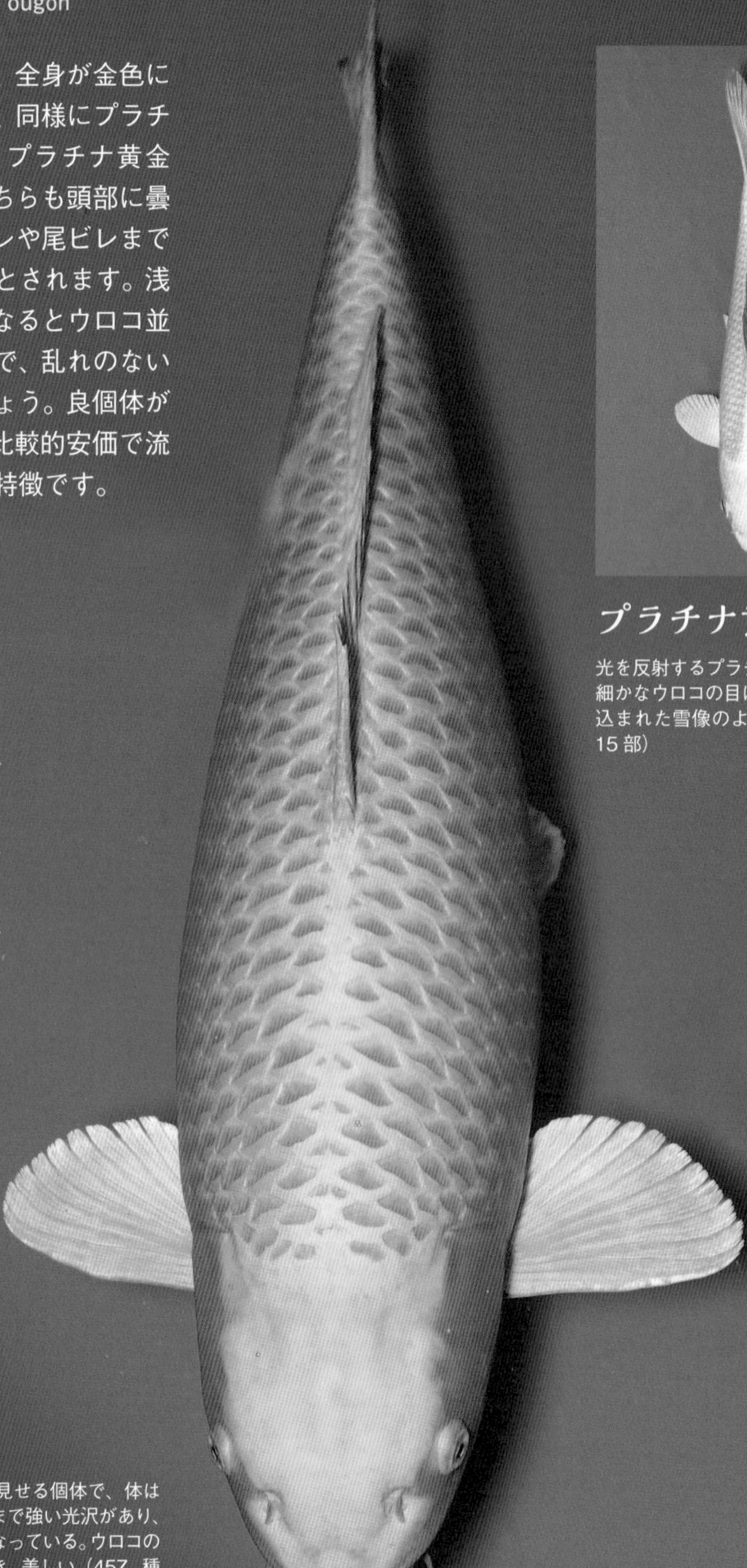

黄金

赤みがかった金色を見せる個体で、体はもちろん、ヒレの先まで強い光沢があり、ゴージャスな装いとなっている。ウロコの目もオレンジ色に輝き、美しい（45Z、種別日本一賞、85部）

池に迎えれば、
水面まで輝き出す！

昔黄金

茶〜黒みがかった体色の個体。ウロコの目は鈍く輝き、不気味とすら感じさせるような迫力がある（50Z、吉田廣賞、90部）

昔黄金

Mukashi ougon

黄金作出初期の面影を残すことから、この名で呼ばれる。ベージュ色の地肌は、これはこれで趣きがあるものだ。黄金系の品種は成長が速く、大きくなりやすいことも特徴（55N、ジャンボ賞、105cm）

孔雀

Kujaku

プラチナ色の地肌に、浅黄のような網目状の斑紋と、緋柄の入った品種です。「五色」の光り物と捉えるとわかりやすいでしょう。光り物であることから、緋はオレンジ色あるいは黄色になります。良個体の条件として、光が強いこと、ウロコの黒い松葉模様にムラがないこと、そして緋模様が左右にバランス良くあることが挙げられます。

力強い表情で見得を切る

この個体は全身の光沢が強く、メタリックな地肌に緋盤が乗る姿は錦鯉の和のイメージを一新するかのようだ（51Z、巨鯉の部 総合優勝、80部）

孔雀としては非常に濃い赤みを見せる個体。五色ゆずりの緋盤はユニークなラインを描き、特に顔には歌舞伎の隈取のような“メイク”が施されているのが面白い。輝く体を見せつけるように、ヒレを広げた姿も決まっている（43Z、桜賞、55部）

光り模様

Hikari moyou

全身に金属光沢を持ち、模様のある鯉を総称して光り模様と呼びます（ただし、写り墨を持った品種はのぞく）。主な品種として、紅白の光り物である「桜黄金《さくらおうごん》」、大正三色の光り物である「大和錦《やまとにしき》」などがあります。

キャンバスを〝光沢紙〟に変えて

平成錦

Heisei nishiki

大和錦のドイツ種。大正三色の魅力を継承しつつ、光りとドイツ表現が加わっており、改良の歴史、積み重ねが感じられる魚だ（48K、ジパング賞、30部）

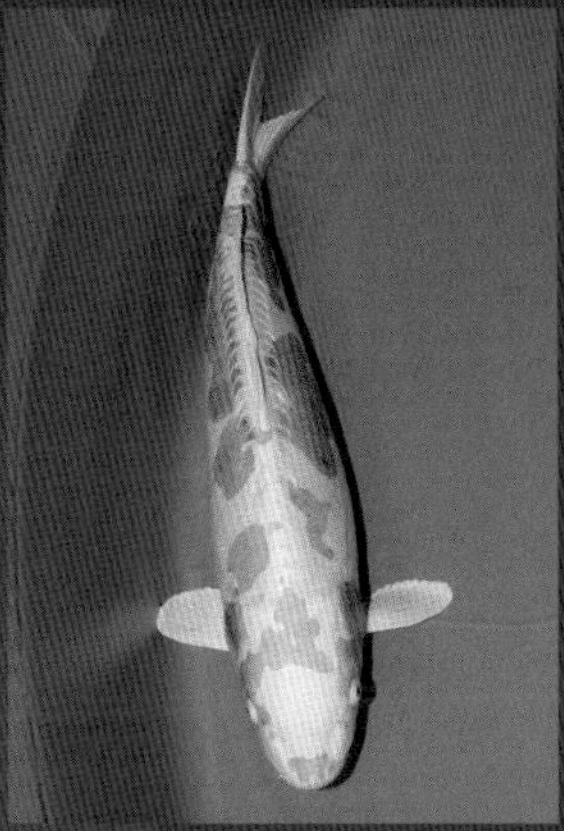

ドイツ張り分け黄金

Doitsu hariwake ougon

プラチナの地に金色の斑紋が入るものを張り分け黄金と呼ぶ。この品種もいわゆる“錦鯉”とは一味違う、メルヘンチック？　な色合いが魅力だ（43Z、種別日本一賞、70部）

菊翠

Kikusui

桜黄金のドイツ種を菊翠と呼ぶ。輝くキャンバス（白地）にポタポタと赤いインクを垂らしたその姿は、斬新なアート作品のよう。普通とは違う変わった池を作りたい方におすすめ？（48Z、種別優秀賞、60部）

光り写り

Hikari utsuri

輝きと共に生まれ変わる

昭和三色や白写りなどの写り墨を持った品種の全身に金属光沢を加えたもの、すなわち光り物を「光り写り」と総称します。主な品種として昭和三色の光り物を「金昭和」と呼び、その白地はプラチナ色に、そして、緋盤は真紅というよりはオレンジ色がかって見えるようになります。墨が決まった金昭和はなかなかお目にかかれず、貴重です。

金緋写り

Kin hiutsuri

緋写りの光り物。その地肌はより明るいオレンジ色に輝き目を引くが、見かける機会は少ない（46Z、牡丹賞、85部）

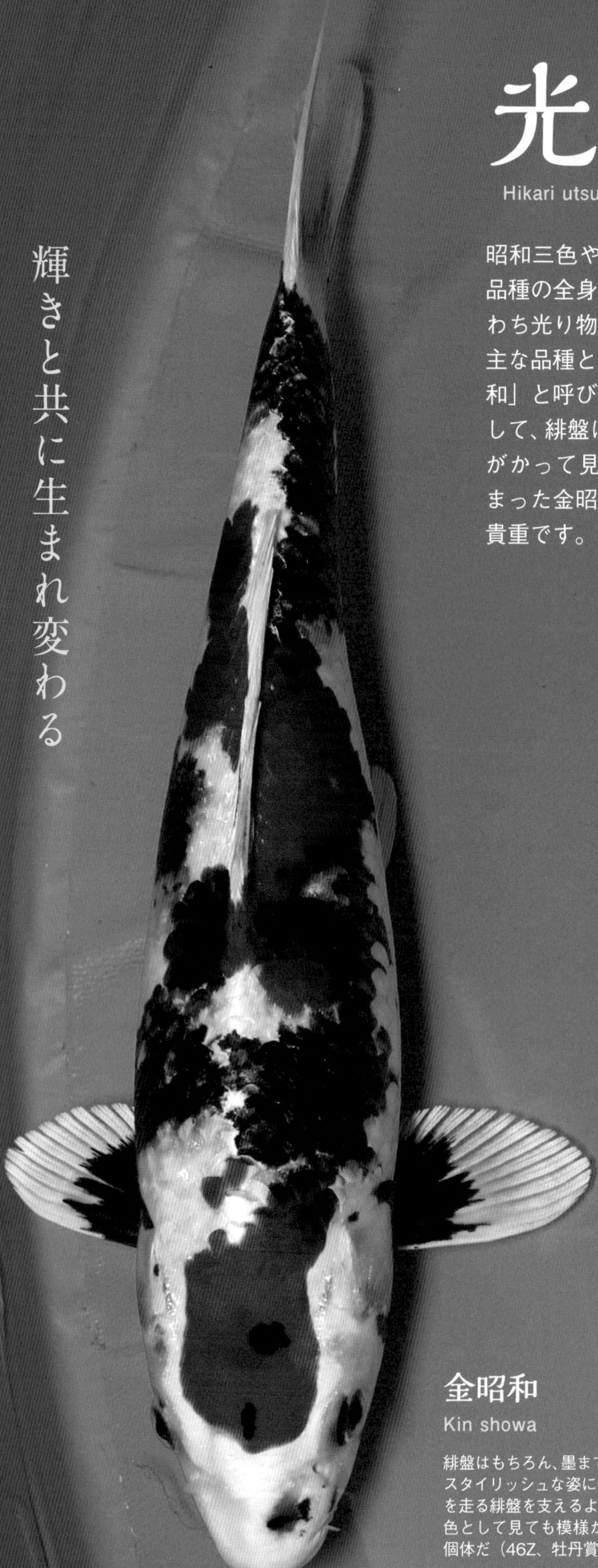

金昭和

Kin showa

緋盤はもちろん、墨までもメタリックに輝き、スタイリッシュな姿に仕上がっている。中央を走る緋盤を支えるように墨が乗り、昭和三色として見ても模様が決まった超魅力的な個体だ（46Z、牡丹賞、35部）

丹頂

Tancho

通常、丹頂といえば、丹頂鶴のように頭部にのみ丸い紅を持ち、身体は純白の丹頂紅白を指します。他にも、頭部にのみ丸い紅を持つ品種は存在し、身体が別甲の丹頂三色、身体が白写りの丹頂昭和、身体が五色の丹頂五色などがいます。いずれの品種においても、丹は背のウロコまでかからずに頭部で完結し、真円に近いものを良しとします。

背に描くは、水墨画の世界

丹頂三色

Tancho sanshoku

ボリュームのある体つきながら、ほどよく墨が乗ることで、別甲の清楚な雰囲気と丹頂模様の華やかさが見事に混ざり合い、その背には純和風の世界観が描かれている（48K、ジパング賞、75 部

丹頂

澄んだ白地に、肉付きの良い体型を持ち、頭部には美しい円を描く個体。他に何も必要ない！　と思わせるような満足感を与えてくれる（51Z、椿賞、70 部）

雲の切れ間から、〝太陽〟が覗く

丹頂昭和

Tancho showa

荒々しい写り墨の切れ端が丹頂に乗った様は、夕陽に雲がかかる情景を彷彿させる。ゆっくり、そして、堂々と泳ぐ姿も印象的な個体で、近寄ると、まるで自慢の丹頂模様を見せつけるかのように水面へと浮上してきた（49Z、吉田廣賞、90部）

丹頂孔雀

Tancho kujaku

体の松葉模様が濃く明瞭に現れた個体で、その分、頭部の白地、そして、丹頂模様の美しさが引き立って見える（46Z、椿賞、55 部）

銀鱗丹頂落ち葉しぐれ

Ginrin tancho ochiba sigure

茶色の斑紋で丹頂模様が表現されている。さらに銀鱗も持った、とても珍しい個体だ（48Z、椿賞、50 部）

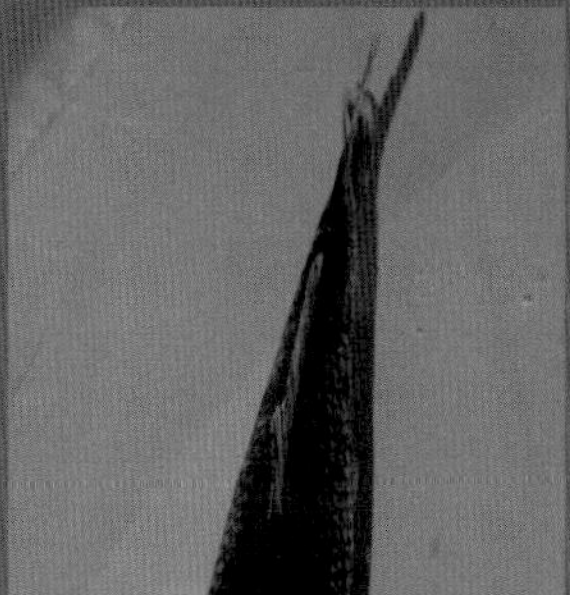

丹頂五色

こちらは全身が黒く染まった個体。その中で赤さを主張する丹頂模様はインパクト十分。丹頂紅白と一緒に泳がせたら、面白い水景が楽しめそうだ（43Z、椿賞、25 部）

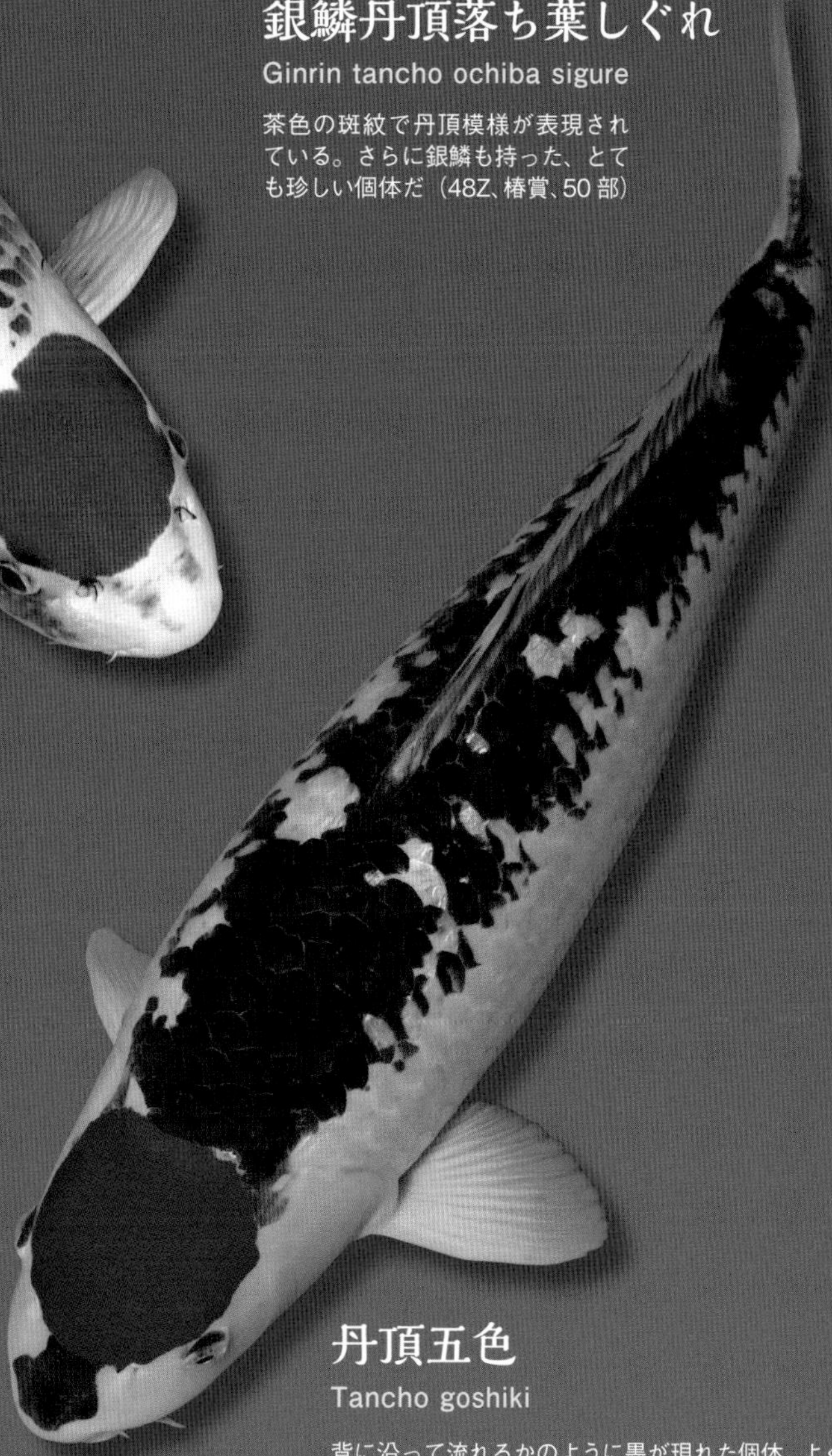

丹頂五色

Tancho goshiki

背に沿って流れるかのように墨が現れた個体。よく見ると銀鱗が入っており、墨は独特の光沢感がある。白地も美しく、丹頂模様は五色特有の鮮やかさを誇り、模様でも色彩でも魅せてくれる（49Z、椿賞、65 部）

金銀鱗

Kinginrin

その一枚一枚が金や銀に輝くように変異したウロコを持つ錦鯉の総称です。銀鱗紅白、銀鱗三色など、各品種に存在し、「銀鱗～」と呼びます。銀鱗の輝き方には数タイプあり、多くは、線状、あるいは面状に光りますが、真珠の粒のようにウロコの中心部だけが光る「パール銀鱗」もあります。金銀鱗はいずれも光りが強く、背中全体に行き渡っているものが理想です。

白地の上で踊る赤い宝石たち

銀鱗紅白

Ginrin kouhaku

太くがっちりとした体型を持つ個体で、その分、銀鱗の輝きが強調されて見える。まるで体中にガーネットやルビーで着飾ったのように小斑が体中に散りばめられ、とても華やかである（46Z、桜大賞、85部）

黒地と共に表情を変える銀鱗

丹頂銀鱗五色
Tancho ginrin goshiki

体が黒く染まる過程にある個体では、シルバーの輝きがより強くなり、これはこれで美しい（1KY、金賞、33部）

銀鱗五色
Ginrin goshiki

銀鱗の美しさを活かせるのは、白地を持つ品種だけに限らない。体が黒く染まる五色では、地肌がまさしくシルバーの光沢を放ち、派手さと渋さが同居したような姿となる（44Z、桜賞、50部）

銀鱗五色

体が真っ黒に染まり黒地の銀鱗は目立ちにくいが、その分、ギラギラときらめく緋盤の派手さが強調されている（1KY、金賞、33部）

銀鱗が引き出す、三色の新たな美

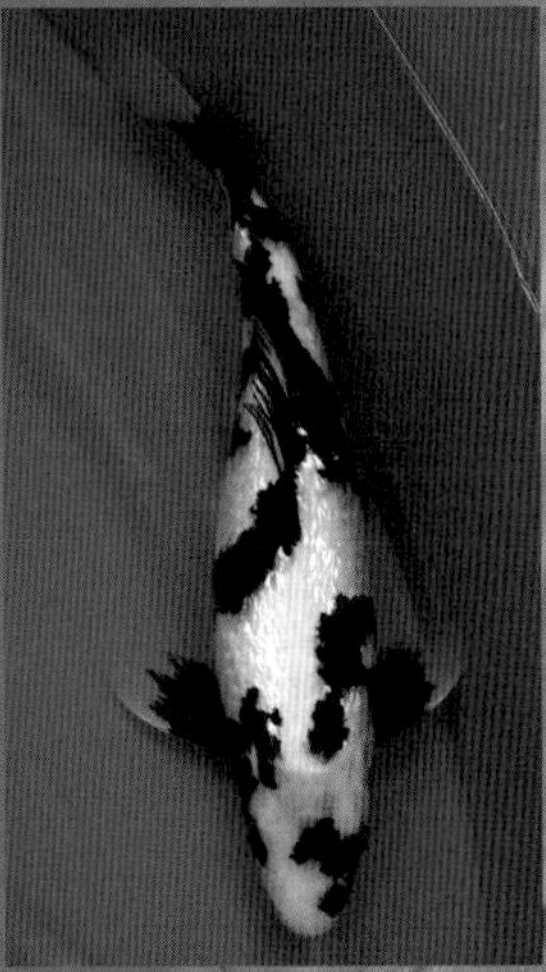

銀鱗白写り

Ginrin shiroutsuri

流れるような躍動感のある墨は色濃く現れ、さらには明瞭に輝く銀鱗を持つと、文句の付けようがない美個体だ（51Z、桜賞、35部）

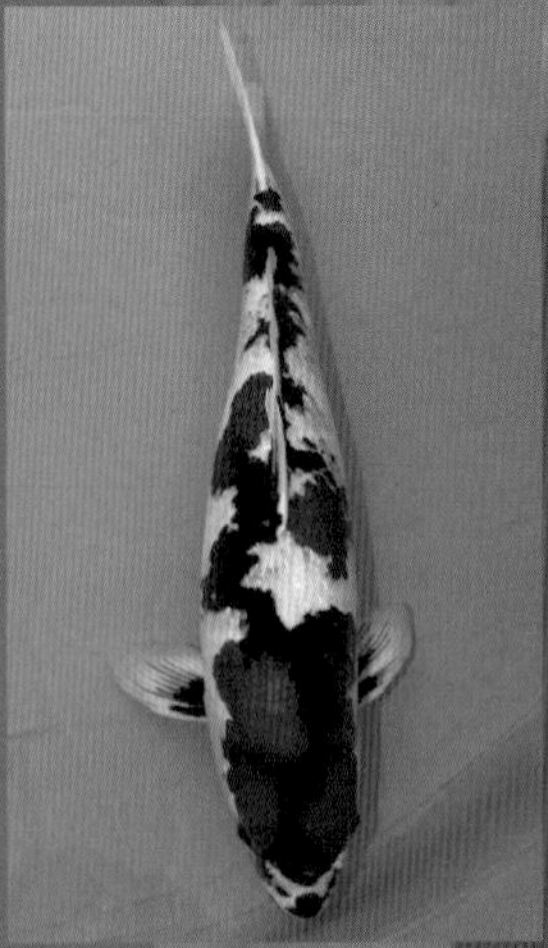

銀鱗昭和三色

Ginrin showa sanshoku

尾から口先まで伸びる墨がダイナミックだが、その脇に目をやれば、輝く白地や緋盤が美しさを添えている（49K、種別最優秀賞、85部）

銀鱗大正三色

Ginrin taisho sanshoku

大正三色は清楚な美しさが魅力ではあるが、それが銀鱗となれば、化粧を重ねたかのように新しい一面を見せてくれる。この個体は緋盤の面積も多く、より艶やかに着飾ったかのような姿が楽しめる（48K、種別最優秀賞、75部）

枯れ葉に輝きを取り戻すように

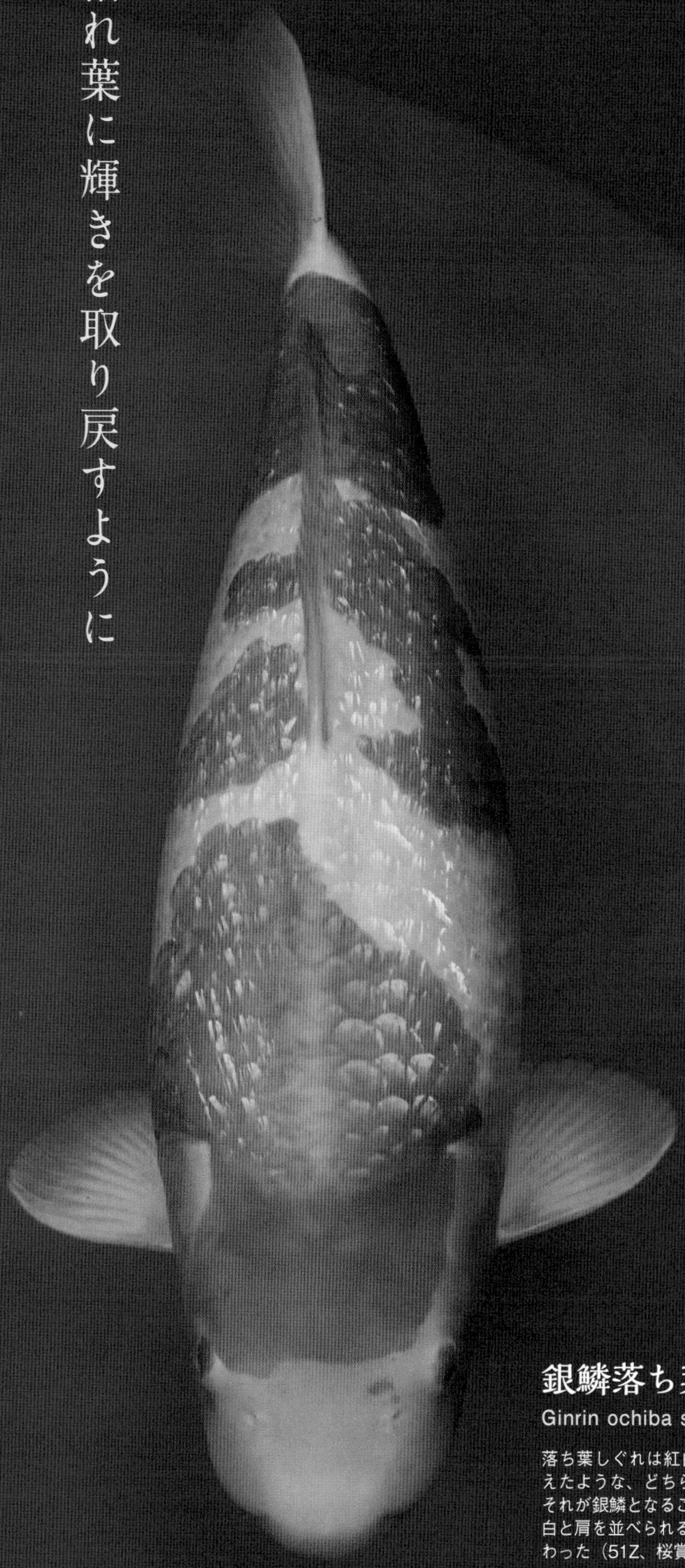

銀鱗金松葉

Ginrin kin matsuba

松葉模様を持つウロコが銀鱗となることで、体色も相まって、金色の輝きが差している。面白い表現だ（48Z、種別優秀賞、85 部）

銀鱗孔雀

Ginrin kujaku

光り物に銀鱗が加われば、もう全身はギラギラに！　その神々しいまでの姿は、空想上の生き物のようですらある（1KY、金賞、18 部）

銀鱗落ち葉しぐれ

Ginrin ochiba sigure

落ち葉しぐれは紅白の緋盤を黄～茶色に置き換えたような、どちらかといえば渋い外見の品種。それが銀鱗となることで緋盤は黄金色に輝き、紅白と肩を並べられるような魅力的な姿に生まれ変わった（51Z、桜賞、65 部）

ドイツ鯉

Doitsugoi

元々は食用として作出された、ウロコをほとんど持たない鯉と、錦鯉の交配により生まれたもので、各品種に存在します（九紋竜のようにドイツ鯉を条件とする品種もある）。ウロコがない分、色彩にメリハリがあり、模様のキワがはっきりしているのが特徴です。

気ままに絵筆を滑らせて

ドイツ昭和三色

Doitsu showa sanshoku

ウロコの制約から解き放たれたかのように、和鯉（ウロコのある鯉）のそれとは異なる自由な曲線を描く緋盤や墨がドイツ鯉の魅力。錦鯉の持つクラシックな雰囲気も緩和されて、モダンなイメージに変化するのが面白い（3KY、金賞、33部）

ドイツ紅白

Doitsu kouhaku

ウロコがない分、白地はより澄んで見える。同様に、緋盤は輪郭がくっきり浮き上がり、鮮やかさを増す（1KY、金賞、18部）

ドイツ別甲

Doitsu bekko

錦鯉の“かわいらしさ”を競う品評会があれば、総合優勝を獲得できそう？その秘訣はやはり墨が明瞭に発色するようになったことだろう（44Z、牡丹賞、35部）

ドイツ大正三色

Doitsu taisho sanshoku

この個体では、墨や緋盤の形状が比較的維持されている。それでも、やわらかな印象となるのはウロコがないためだろうか（49Z、種別優秀賞、70部）

変わり鯉

Kawarigoi

これまで紹介してきた品種に含まれない、流通の少ない鯉の総称で、品評会などで用いられます。代表的なのは、「落ち葉しぐれ」「茶鯉」などです。また、生産の現場では新しい品種が続々と生み出されているのですが、まだ品種として固定されていない「一品鯉」もここに含まれます。

神出鬼没の墨

銀鱗松川化け

Ginrin matsukawabake

松川は新潟県の本品種発祥の地名に由来し、「化け」というのは季節に応じて墨が出たり消えたりする様子から（この性質をドイツ鯉で表現したものが九紋竜になる）。写真はその銀鱗品種であり、墨が抜けた白地も輝き、見所となっている（49K、種別最優秀賞、85部）

二種の墨で魅せる

写り墨とは異なる、非常にマットな質感の黒色を現した個体。その墨が乗った部分は、ウロコの輪郭すらわからないほどで、とても変わっている（46Z、桜賞、35部）

影白写り

Kage shiroutsuri

写り墨とは別に、白地のウロコ１枚１枚にうっすらと墨が入る珍しい品種。２種類の墨による濃淡が味わい深い姿を描き出す。新潟県で少数が生産されている（48K、ジパング賞、65部）

錦鯉改良の未来を照らす輝き

ベースは黄金？　それとも、からし鯉？　とにかく凄いのは、全てのウロコがオレンジ色に染まった鹿の子模様が現れていること。さらには銀鱗であるため、非常にきらびやかな姿となっている。こんな逸品を迎えることができたら、池から目が離せなくなってしまいそうだ（51Z、牡丹賞、65部）

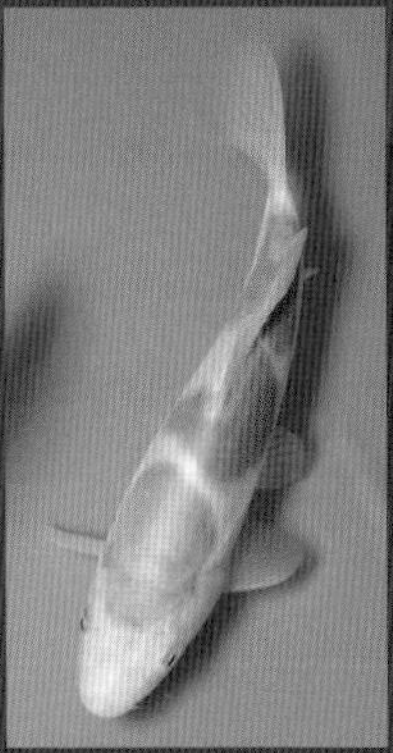

黄白

Kijiro

新潟県の水産試験場で作出された新品種。紅白の緋盤をそのままレモンイエローに置き換えたような姿は、とても爽やか（46Z、優勝、20部）

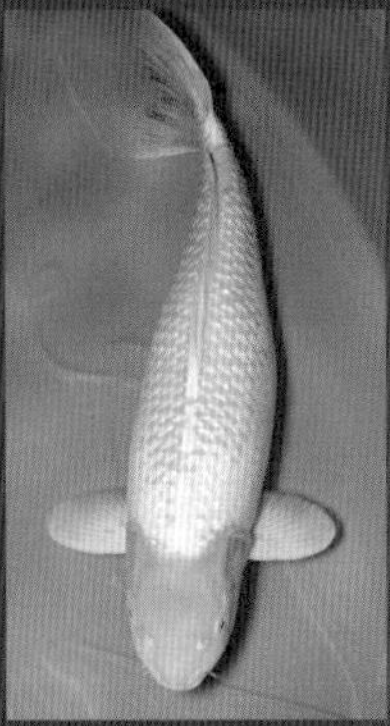

美しい白地に、頭部と背中が黄色く染まるという配色も魅力的な銀鱗品種。これからの改良の可能性を体現するかのよう（47Z、種別優秀賞、75部）

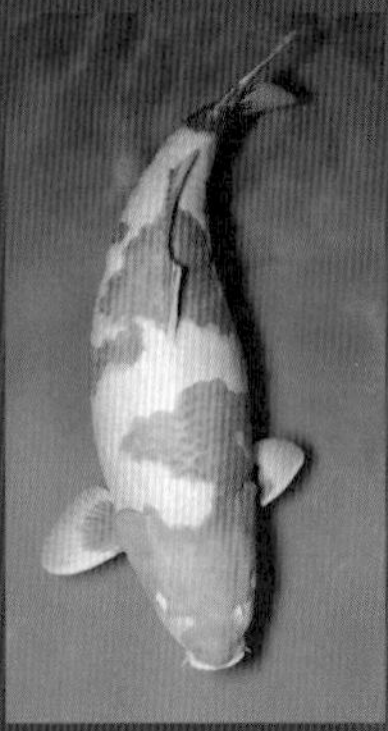

落ち葉しぐれ

Ochiba sigure

淡いグレーがかった体色に、黄～茶の斑紋を乗せる品種。その色彩には幅があり、写真の個体は紅葉したかのような明るい色合いが美しい（47Z、桜賞、90部）

こがね落ち葉

Kogane ochiba

落ち葉しぐれの光り物で、その斑紋はイチョウの葉のような美しい黄金色に変化している。この個体はシンメトリックな模様が魅力的（55N、準優勝、80超部）

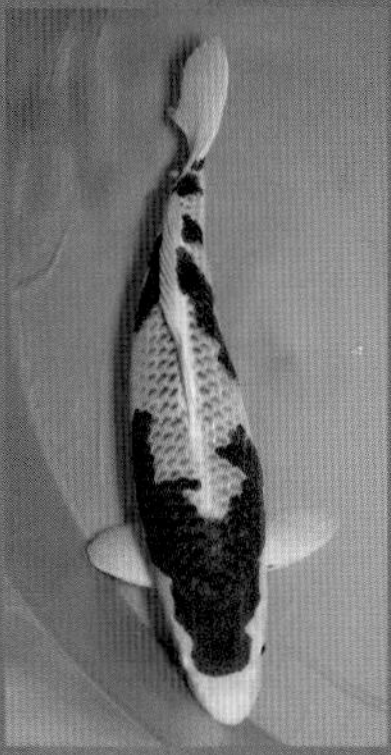

五色と衣を同時表現したような個体で、白地にも緋盤にも黒い斑紋が現れている。中央の空間がその特徴を見せつけるかのよう（49Z、桜賞、65部）

一見した限りでは五色のようだが、顔の墨模様の入り方など、何か別の品種の影響を感じさせる表現だ（輝黒竜を和鯉化したようにも見える?）。凜とした佇まいで、非常に格好いい魚であることは間違いない（50Z、桜賞、35部）

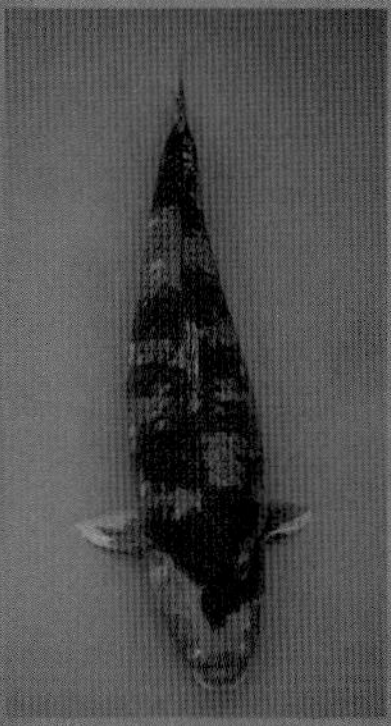

落ち葉写り

Ochiba utsuri

グレー地に、茶色の斑紋、こげ茶の写り墨と、落ち葉しぐれをベースに三色模様を表現したような面白い品種（51Z、種別優秀賞、90部）

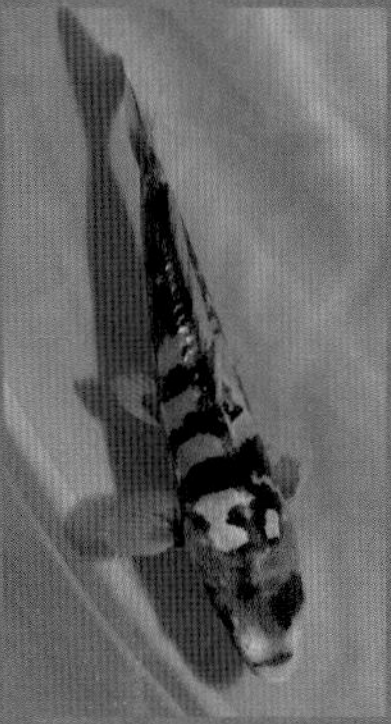

虎竜

Koryu

黄色地に黒い縞模様と、虎柄を表現したドイツ鯉。水槽にも泳がせて、勇ましい姿を見てみたくなる（55N、協議会長特別賞、20部）

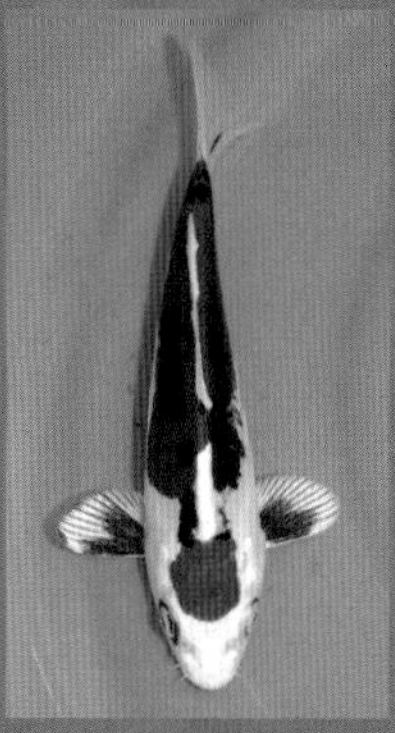

紅輝黒竜

Beni kikokuryu

九紋竜の光り物である輝黒竜に緋盤を乗せたもの。ドイツ鯉であるため光沢も強く、よく映える存在となる（1KY、金賞、18部）

良い紅白の見極め方

紅白は、赤と白の織り成す模様の美しさでビギナーからベテランまでを魅了する人気品種です。ここでは、その“模様”について解説しましょう。この理解を深めることが、良い魚を見極めるための第一歩となります

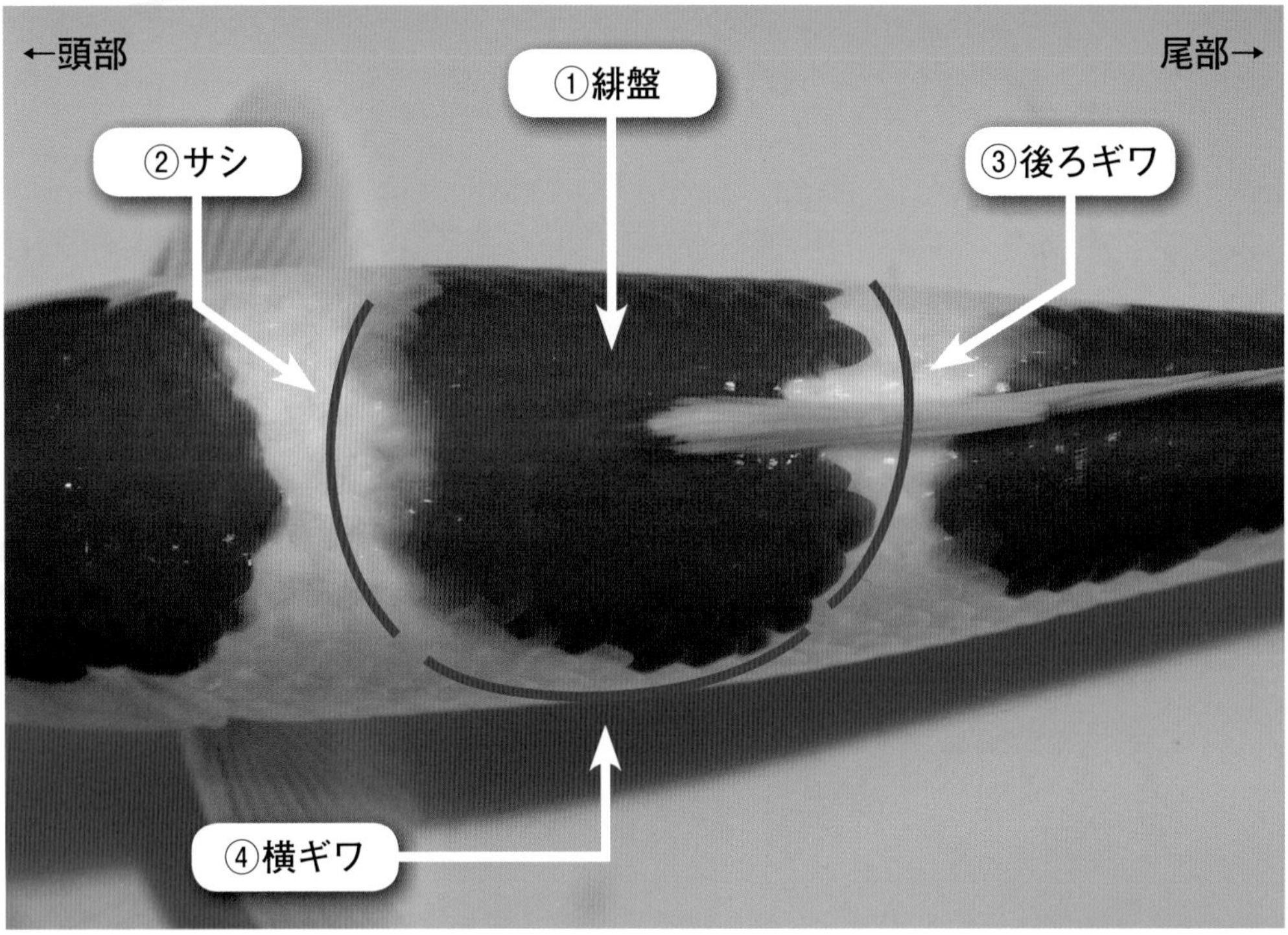

模様に関する専門用語（一）

①緋盤（ひばん）…紅の柄のこと

②サシ…白地と紅の境目で、頭部側の縁（緋盤の始まり）の部分を指す（前ザシとも呼ばれる）。白いウロコの下に紅いウロコが挿しているので、うっすらと桜色に見える。深く均一に挿しているものが、大きく成長しても紅が持つ

③④キワ…緋盤と白地の境目で、緋盤の尾部側の部分（③後ろギワ）と、両サイドの縁の部分（④横ギワ）を指す。このキワがはっきりと鮮明に分かれているものが、紅が長持ちする

質（しつ）…紅および墨の色の質感。質が良いものが、色が長持ちし、美しいが、見極めるのは難しく、経験と感性が必要。例えて言えば、板に赤いペンキを一回塗ったものと、繰り返し塗ったものとでは後者の方が色に厚みがあるように、錦鯉も紅に厚みがある個体が「質が良い」とされる

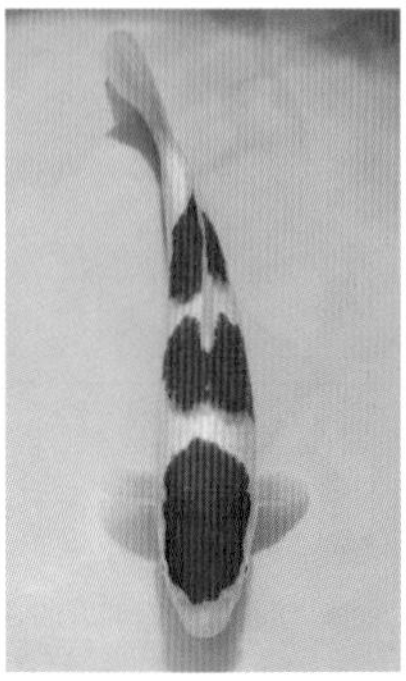

三段紅白

３つの緋盤を持つ紅白（解説に使っている個体）

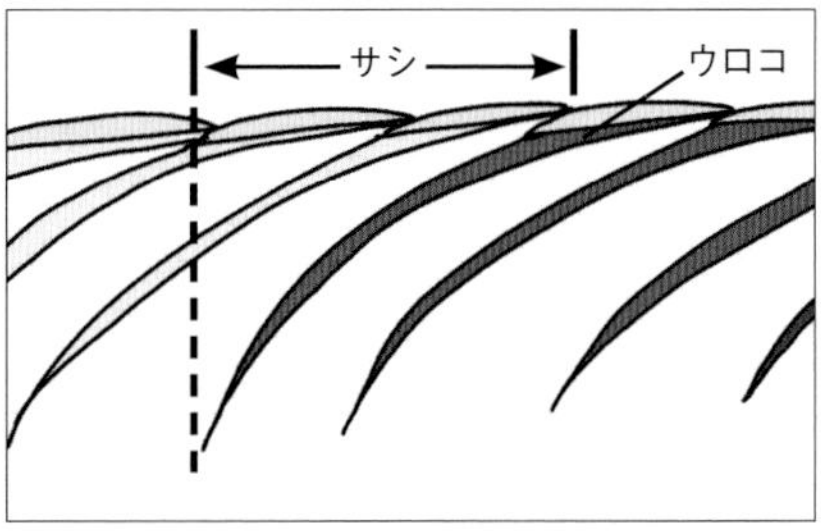

サシを横から見ると…

魚体の断面図。白いウロコと紅いウロコが重なり合っている部分がサシ

キワで“わかる”紅白の将来

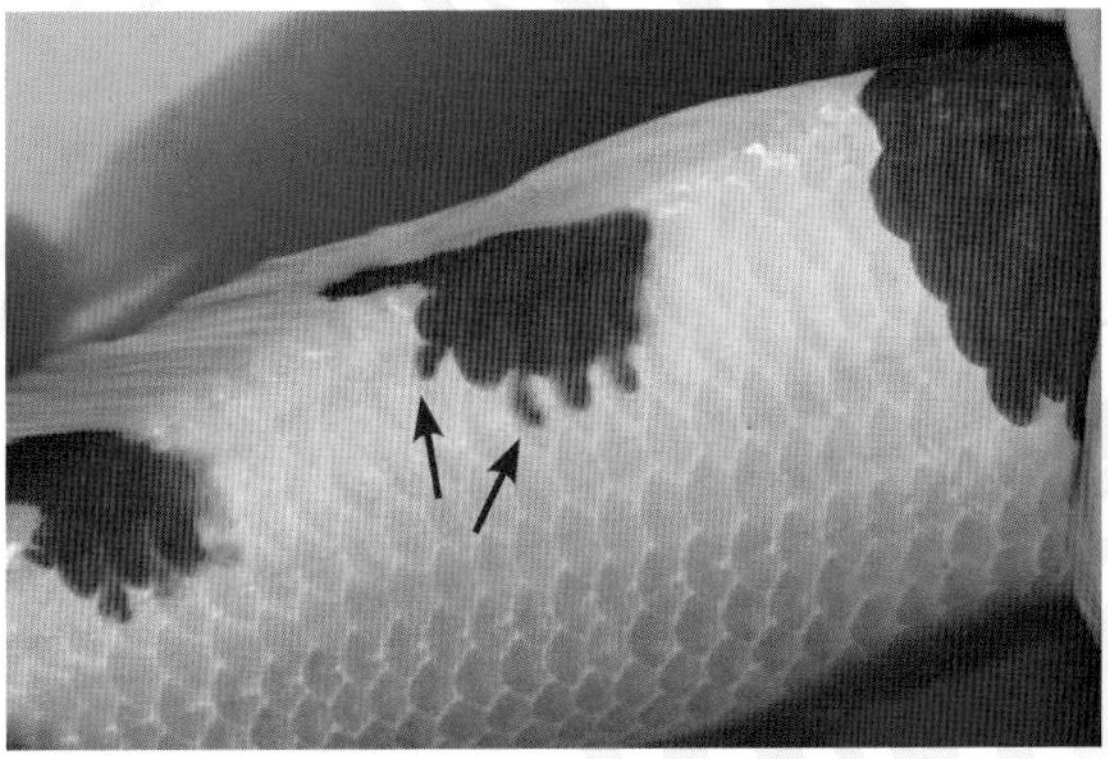

中央の緋盤の横ギワから３枚、後ろギワから１枚紅いウロコが飛び出している（矢印）。よく見ると、これらのウロコは全体が赤いのではなく、周囲が白くなっているのがわかる。これは緋盤が消えかけている過程で、いずれはこの柄がなくなってしまう可能性がある。そのため、例え模様が美しくても、このような「キワの悪い」個体は避けた方が良い

紅が非常に濃く、輝くような白地を持った三段紅白。つい手を出したくなってしまうが…、その前にキワをチェック

進行すると…

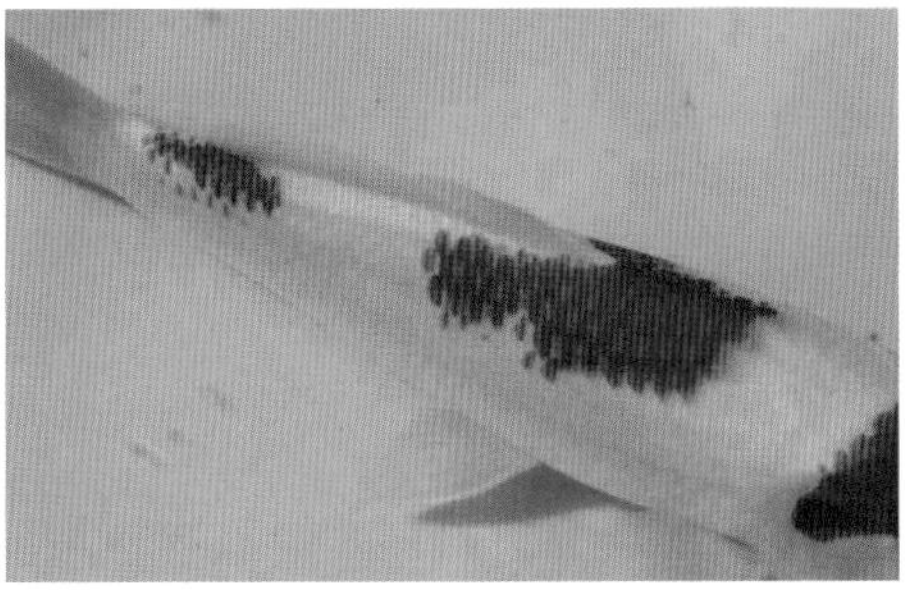

近づいて見ると、緋盤は外側から乱れ、一部のウロコは鹿の子模様のようになってしまっている。この色飛びは水温が高いときほど速く進行し（魚が成長するため）、夏場などは１週間で緋盤が消えてしまうこともある。そのため、ヒーターを入れた水槽飼育の場合、魚の選択にはより一層の注意が必要だ

上の個体とは別の魚だが、ギザギザになったキワから緋盤消失の進行が見て取れる

錦鯉の選び方の基本

錦鯉は上からの観賞を前提に改良を進められてきた魚であるため、柄や色彩の良し悪しは上から見て判断するのが通常です。ただし、個人の好みもあります。品評会に出品するのでなければ、セオリーとは別に、自分の感性で選ぶことも大切です。

最初に確認すべきこと

柄の前に、体型がいちばん重要です。上から見て、体が曲がっていない、短くないなど、奇形のないことを確認します。

次に紅白や三色など、紅のある品種の場合は、「色彩にムラがあるもの」や、上で説明している「キワがぼやけているもの」は避けます。

錦鯉の模様は変化する

覚えておきたいのは、錦鯉の模様は変化するということです。まず、墨は消えても、再び出ることが多いのであまり心配はいりません。

一方、紅は一度消滅すると、まず出ません。紅白模様が全くの白地になることもあるので、個体選びは慎重に。また、どんなに質が良い鯉でも、水質の悪化、酸欠、夏場の高温、薬害、衝突、漏電によるショックなど、環境が悪いと色は飛びやすくなるので注意しましょう。

二段紅白
頭から見て、緋盤が2つに分かれている

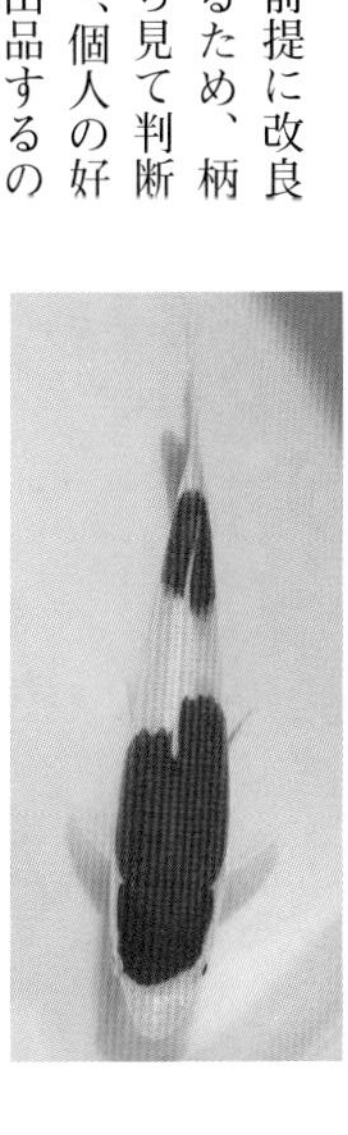

稲妻紅白
紅が稲妻のように、左右に変化しながらつながっている

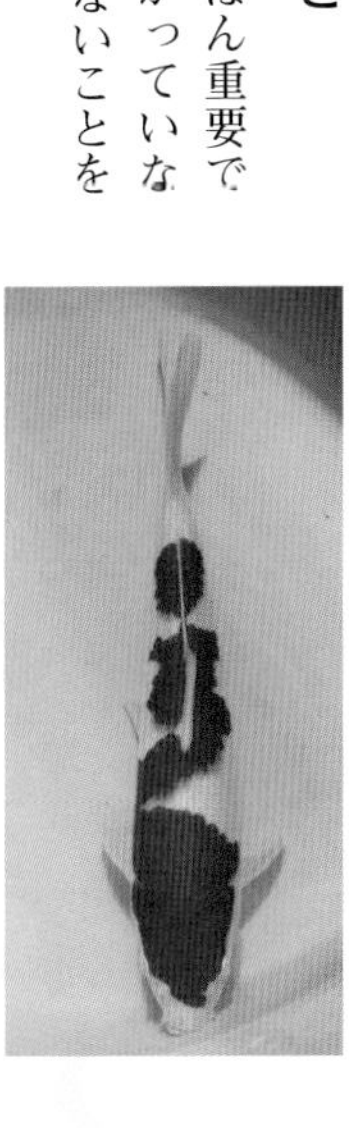

口紅紅白
口先に紅を持つ

紅白見極め術 4か条

1. 紅にムラがない魚を選ぶ（均一性）
2. キワがはっきりしている魚を選ぶ
3. 色の紅《あか》さに惑わされずに、紅の厚みを見る
4. きれいな白地を持つ魚を選ぶ（紅が引き立つ）

大正三色と昭和三色の見分け方

大正三色と昭和三色の大きな違いは「墨」であり、その入り方と質が異なります。数を多く見ていると、墨が少ししかなくても、質の違い（≒色合い）で判断できますが、最初はわかりにくいと思いますので、墨の入り方で説明しましょう

両品種の違いは“墨”の 入り方で判断する

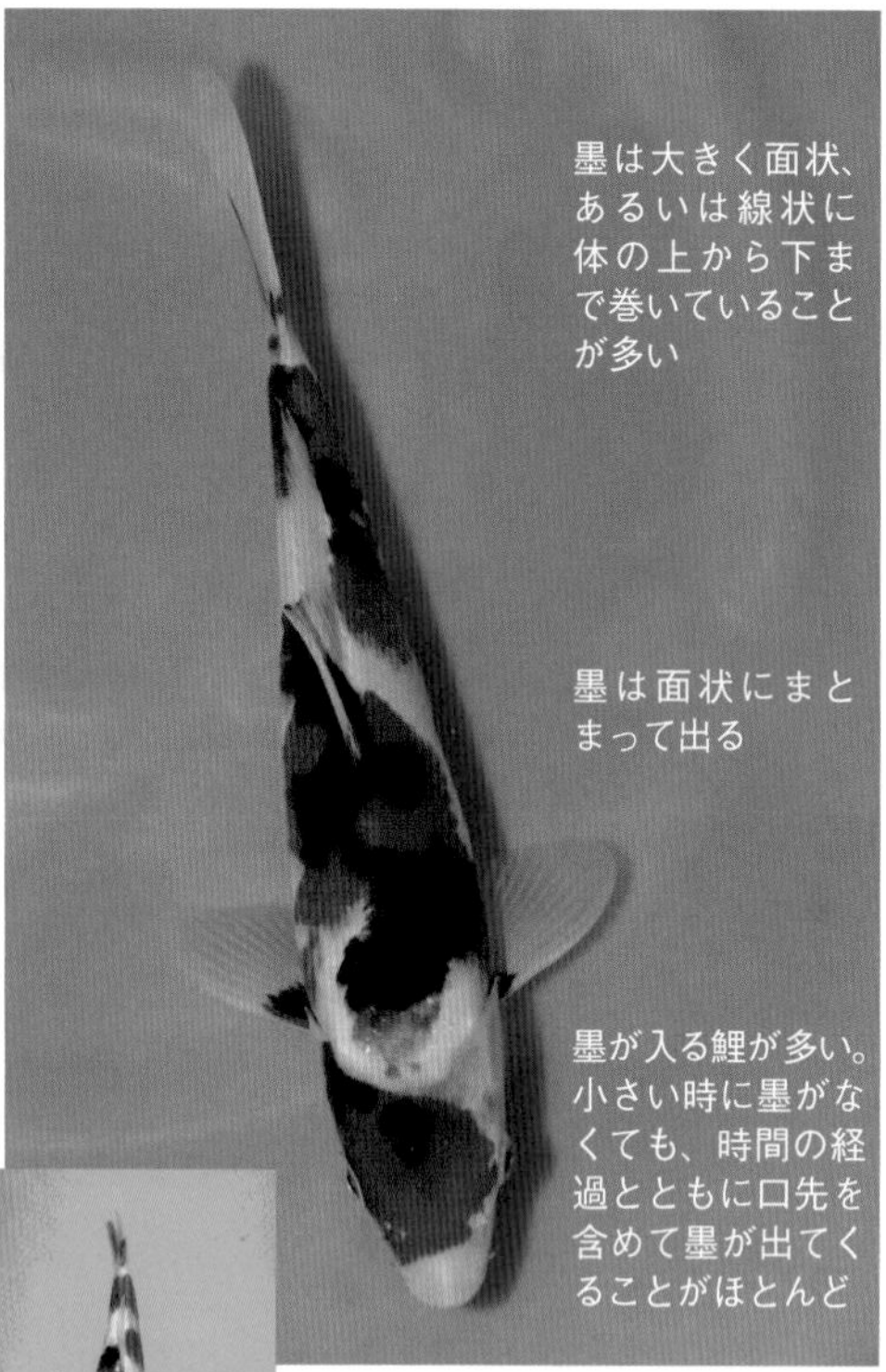

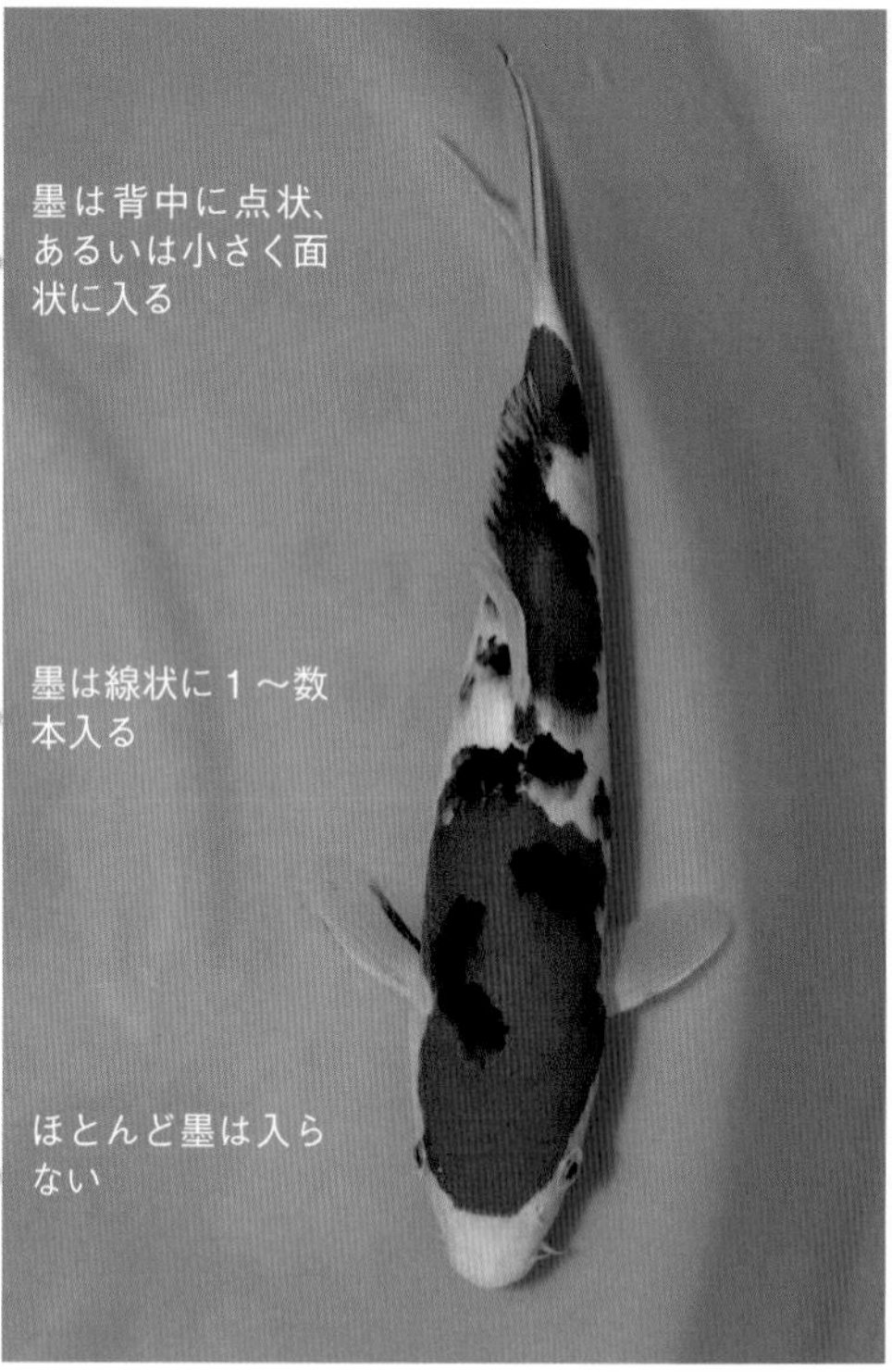

体

墨は大きく面状、あるいは線状に体の上から下まで巻いていることが多い

墨は背中に点状、あるいは小さく面状に入る

胸ビレ

墨は面状にまとまって出る

墨は線状に１～数本入る

頭部

墨が入る鯉が多い。小さい時に墨がなくても、時間の経過とともに口先を含めて墨が出てくることがほとんど

ほとんど墨は入らない

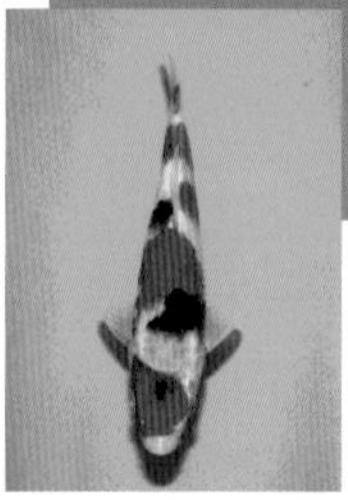

幼魚時。まだ全体的に墨の面積は少ない印象

昭和三色

昭和三色の方が大正三色よりも墨の浮き沈みが激しく、全く予想もしないところに墨が出てくることもある。左の写真は幼魚の時のもので、中央の緋盤に稲妻状の墨が突然現れているのがよくわかる

大正三色

厳密にいえば紅質も異なり、大正三色の紅は紅白のそれに近い。写真の個体は目の覚めるような厚みのある緋を持った個体で、模様のパターンもいい。体の各ポイントを抑えるかのような墨の配置も見事

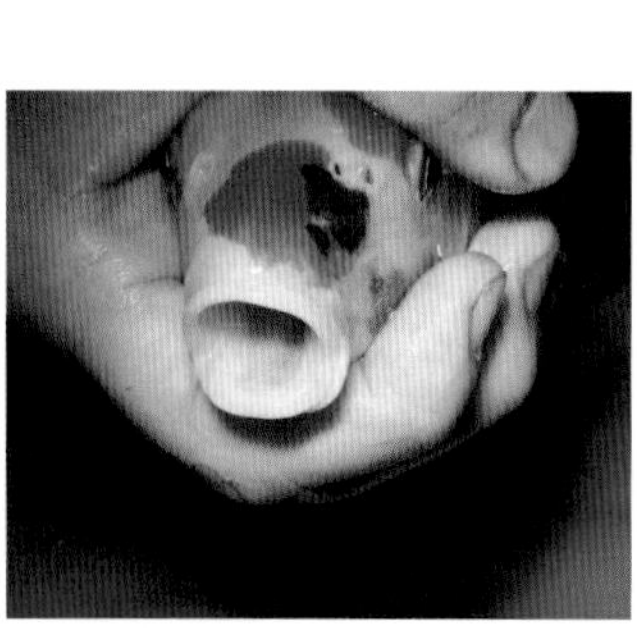

昭和三色は口の中に墨がある場合が多い

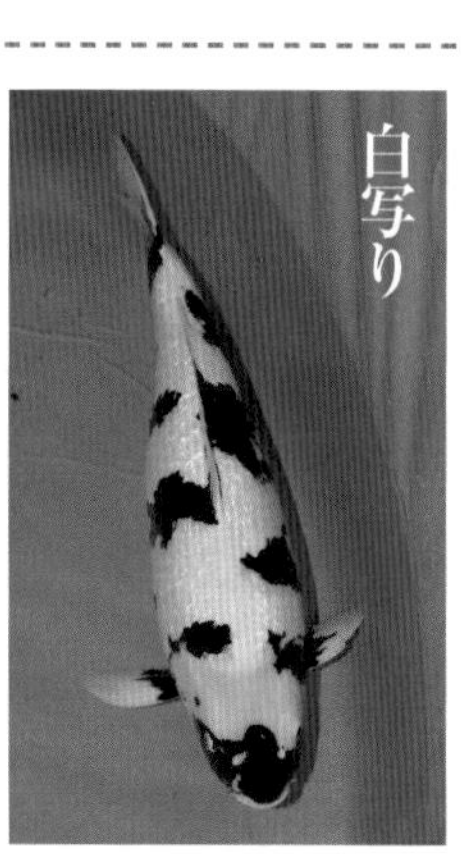

こんな見方もできます

別甲＋緋模様＝大正三色

白写り＋緋模様＝昭和三色

大正三色、昭和三色はそれぞれ、べっ甲、白写りをベースとして、これらに緋模様が乗った品種と考えることもできる

将来有望!!　な大正三色

パッと見た印象では緋盤が足りない感じがするが、体の各部に墨の出る下地である下墨をのぞかせ、将来的には各模様のバランスの良い個体に仕上がることが予想される。ツボ墨と美しい白地も見所

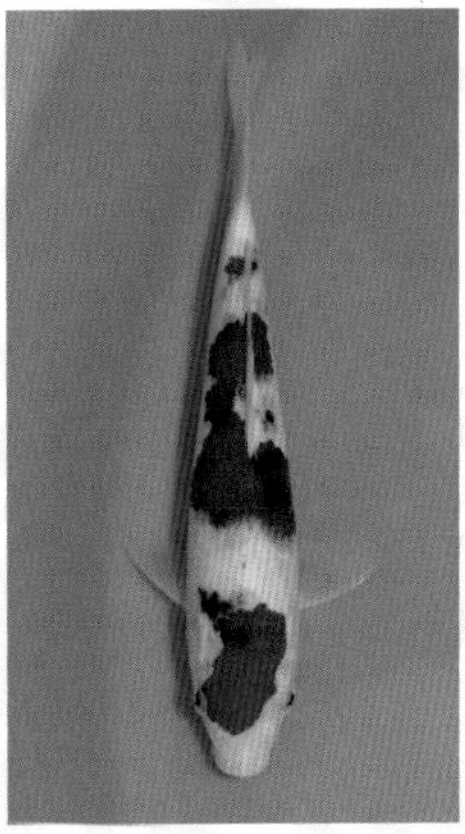

将来有望!!　な昭和三色

胸ビレにしっかりと濃い元黒を持っており、体にも良い墨が出ることが期待できる。また、向かって左側の胸ビレに入った筋は、墨が現在変化していることを意味している（完成すると消える）。昭和は模様の完成に4～5年要することもある遅咲きの品種で、墨は尾部から埋まってくることが多い

大正・昭和三色見極め術
3か条

1. 墨が少なければ、緋盤を見る

2. 白地に出た墨の質を見る

3. 胸ビレの墨も判断材料にする

良い三色の選び方・見分け方

鯉を選ぶ時、大きな個体は将来の変化が少ないのですが、幼魚・若鯉は成長にともなって柄が大きく変化するため、見極めが難しいものです。

特に三色の場合、小さい時は墨が出ていなかったり、未完成の場合がほとんどです。しかし、それを予想して鯉を買うのも、楽しみのひとつといえます。

1.緋盤で選ぶ

墨が出ていない場合は特に、紅の質、緋模様で選びます。先述したように、墨は消えても将来出てくることが多いのですが、紅は一度消えたら元に戻ることはまずありません。

そこで、紅の良いものを選ぶことが大切になるのです。ただ、紅白と違い、多少緋模様が足りなく見えても、良い場所に墨が出れば、その物足りなさをカバーできます。ことに昭和三色を選ぶ時、墨をはずして緋模様だけを見て、紅白では物足りないくらいがちょうど良いでしょう。

また、墨の出る目印となる「下墨《したずみ》」があれば、それが出てきた時のことを想像して選ぶこともできます。ただ、下墨がなくても墨が出てくることもあり、特に昭和の場合、墨は大きく変化します。紅のバランスが少しくらい悪くても、墨の出方で全体の模様が非常に良いバランスに仕上がることも多々あります。これは紅白にはない楽しさです。

2.墨質を見極める

墨が出ている箇所があれば、その墨質が良いかどうかを見ます。透けることなく、漆のように真っ黒なものが理想の墨質です。濃い墨汁のようなものを選びましょう。ただし、紅の上の墨は濃く見えてしまうので、白地の上にある墨で見極めます。

3.胸ビレの墨で見極める

体にまだ墨が少なく、墨質の判断がつかない時、「胸ビレ」に墨が出ていればそれがヒントになります。

大正三色の場合、ヒレの墨は線状であることが多いのですが、その墨が細くても濃くしっかりしていれば、まず体に出る墨も同じように質の良いものと言ってよいでしょう。

昭和三色は、胸ビレに墨がある程度まとまって出ていることが多いです。それが濃く、なおかつ「元黒《もとぐろ》」であれば理想です。元黒を持つ鯉は体に出る墨がまとまりやすいのです。

ただし、ヒレの墨が全くなく、後から出てくるものもいますので、墨がない鯉が良くないと決めつけてはいけません。むしろ、薄い色の線状の墨をたくさん持つ個体より、良くなることが多いものです。

模様に関する専門用語（二）

- 下墨・青地（したずみ・あおじ）…白地に隠れた将来出る墨
- 鞍《くら》がけの墨…馬の鞍のように背中をまたぐようにある墨

大正三色の場合

- ツボ墨…紅と紅の間の白地に位置する墨（本来は紅の上でもよく、模様的にベストポジションに位置する墨を言う）
- 漆墨（うるしずみ）…漆のようにツヤのある良質の墨
- ジャリ墨…点状のまとまりのない墨で、好まれない

昭和三色の場合

- 鉢割れ（はちわれ）…頭部を2つに割るように口先から肩口まで入る墨
- 元黒（もとぐろ）…胸ビレの付け根に出る墨
- はかま…はかまを履いたように尾筒が墨で覆われたもの。好まれない
- 半染め…背ビレの後方から尾の付根の部分が、片側のみ墨で覆われたもの（もう片方は白あるいは紅）で、好まれる

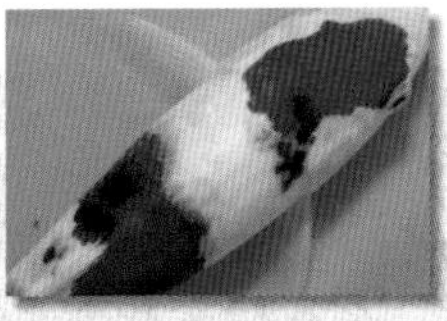

下墨

鉢割れ

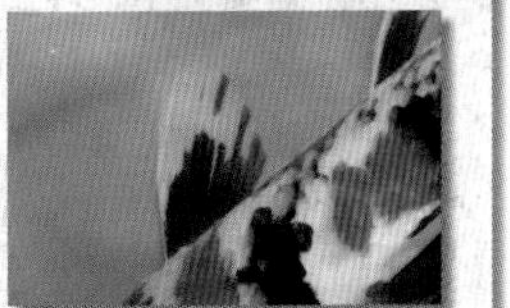

元黒

白写りの魅力、墨の変化を味わうために

白と黒のシンプルな配色ながら、成長に伴う墨の変化により様々な姿を楽しめるのが、白写りという品種です。では、どのような個体を選べば、将来、美しく仕上がってくれるのか、墨に焦点を当てて解説します

ここの“墨”をチェックしよう

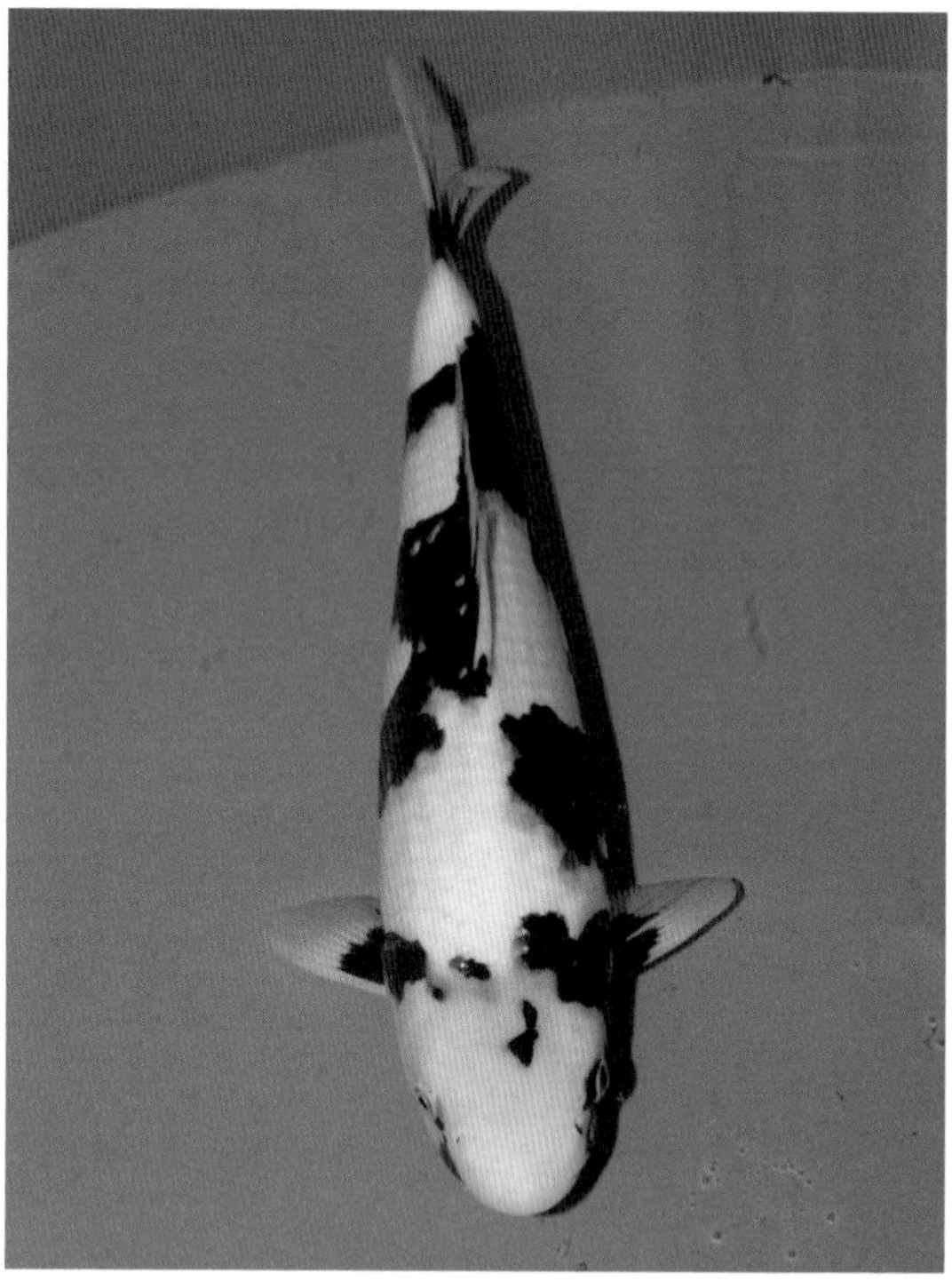

墨 質

複数を見比べることで、個体ごとの墨の違いをつかみやすくなるだろう。写真は青みがかった、艶のある上質な墨を持つ個体。黒いマスクをかぶったかのような個性的な模様にも目を引かれる

胸ビレの墨（元黒）の状態

体と胸ビレの墨の変化は連動しており、体の墨が増えて模様が完成すると、胸ビレには元黒が現れる。つまり、胸ビレの墨の状態と下墨の量から、その個体が将来表現する墨のポテンシャルを推測できるのだ（42Z、国魚賞）

墨は変化する！

右写真は当才の白写りを撮影したもので、その墨は背にわずかに現れるばかりだ。左写真は同一個体の１ヵ月後の姿だが、墨の発色面積が広がり、模様ができつつあるのが確認できる。このような「変化の可能性」を踏まえ、未来の姿を予想しながら選び、飼育するのが、白写りの醍醐味だ

“横”からも見てみる

下墨の有無、位置

この個体は、一見した限りでは墨が少なく、物足りなさを感じるかもしれない。しかし、よく見ると体の大部分に下墨が広がっており、後に大きく化ける可能性もある

白地の美しさ

これも墨質と同じく、数を見ることで認識できるようになるはず。写真のように、透明感のある白い肌を持つ個体を選ぶと良い

白写り作出の歴史

白写りは、黄写りの生産過程で生まれたと言われます。その後、昭和三色の血を入れて改良が進み、現在流通しているのは白写り同士の交配により生まれたものがほとんどです。時々、体に紅が少し入った白写りを見かけることがありますが、それは祖先の名残なのです。

白写りを選ぶに当たっては、「白地の美しさ」と「墨質の良さ」の見極めが重要になります。白地は言うまでもなく、真っ白なものが理想です。墨は少々青みがある、エナメルのようなものが良いです。灰色がかった、ぼけた墨は好ましくありません。

下墨で墨の変化を予想する

墨は、成長と共に新たに出てきたり、逆に、消えてしまうこともあります。白写りの肌を観察すると、青く見える部分があることに気付くでしょう。これは白地に隠れ、まだ表皮に出ていない墨で、大正・昭和三色のそれと同じく、「下墨」あるいは「青地」と呼びます。

最初から墨が出ていて模様の完成した個体を選ぶことができれば良いのですが、幼魚の時からそのような表現を見せる個体は多くありません。そこで、大切になるのが下墨です。下墨の位置を見て、これが表皮に出てきたらどんな柄になるか……を想像して選ぶのが面白く、白写りの醍醐味とも言えます。

この時、白地はもちろん、すでに出ている墨の質も確認します。艶のある濃い墨であれば、後に現われる墨も良質なものでしょう。

元黒から墨の状態を探る

昭和三色と同じく、白写りにおいても、胸ビレ付け根にある墨、「元黒」の有無が良個体を探すための指標のひとつとなります。これは元黒が、「現在、その鯉の体の墨がどのような状態にあるか」を表すためです。

例えば、品評会の出品個体など、墨がしっかりと出て模様の完成した白写りの胸ビレはたいてい元黒になっているはずです。一方、幼魚の段階では墨が決まった個体は少ないため、元黒の鯉も少ないでしょう。しかし、墨が増えている時期は、元黒とまではいかなくても胸ビレにある墨が大きくなったり、線状になったりします。これがさらに墨が増えて模様が決まってくると、胸ビレの墨はまとまって元黒になるのです。

つまり、元黒は、その個体の墨が増えている時なのか、安定しているのか、を知る手がかりになります。例えば、体に下墨が少なく、胸ビレにもあまり墨がない個体は、将来も墨があまり出ないかもしれない……と予想が立てられます。

白写りにおける良い模様とは

池で飼う場合は上から観賞するため、墨が体の左右にバランス良く配置されたものを選ぶと良いでしょう。例えば、市松模様になったものは、教科書的な良い模様です。また、以前は頭部の「鉢割れ」模様が重視されましたが、現在は鉢割れでなくても口先に墨があり、引き締まった印象を受けるものであれば、良しとされます。

体については、背ビレの後ろから尾の付け根まで左右とも墨で覆われたものは「袴」と呼び、重い印象を受けることからあまり好まれません。

ただし、品評会へ出品するのでなければ、墨のパターンについては個人の好みで選んで良いと思います。特に、水槽で飼う場合は、左右のバランスより墨が背から腹まで下がっていることを重視すべきでしょう。

五色を堪能するための5つのポイント

体色・模様のバリエーションが豊富な五色は、池ではもちろん、水槽でもその魅力を発揮しやすく、御三家に並ぶおすすめ品種です。ぜひ自分好みの魚を見つけていただきたいと思います

1 自由な観点で魚を選ぼう

黒みを帯びた輝きが格好いい銀鱗五色。中央に空間を取った緋盤は、輝きを引き立てる

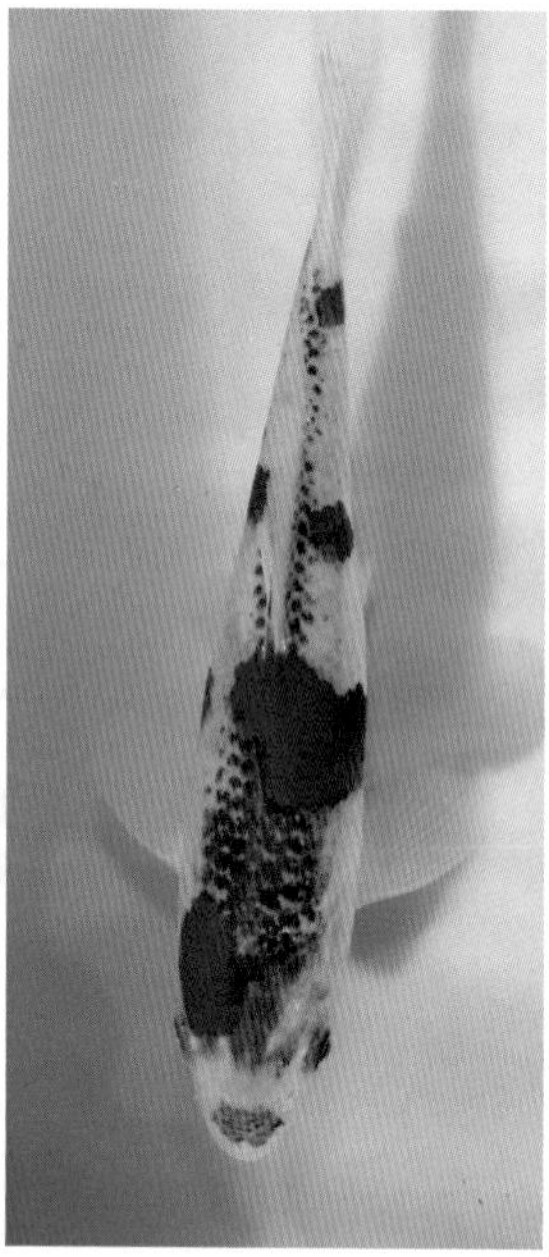

スポット状に一部、または全体が黒く染まったウロコが背に並ぶ。緋盤は小さめ

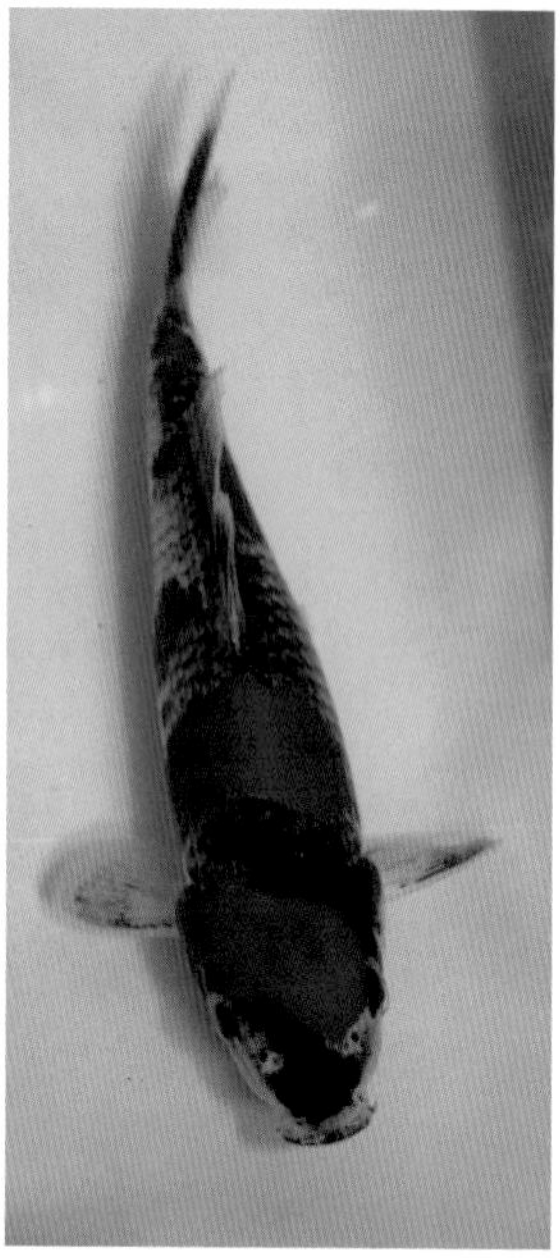

地肌の黒の発色が濃い個体。緋盤は体全体にバランス良く配置されている

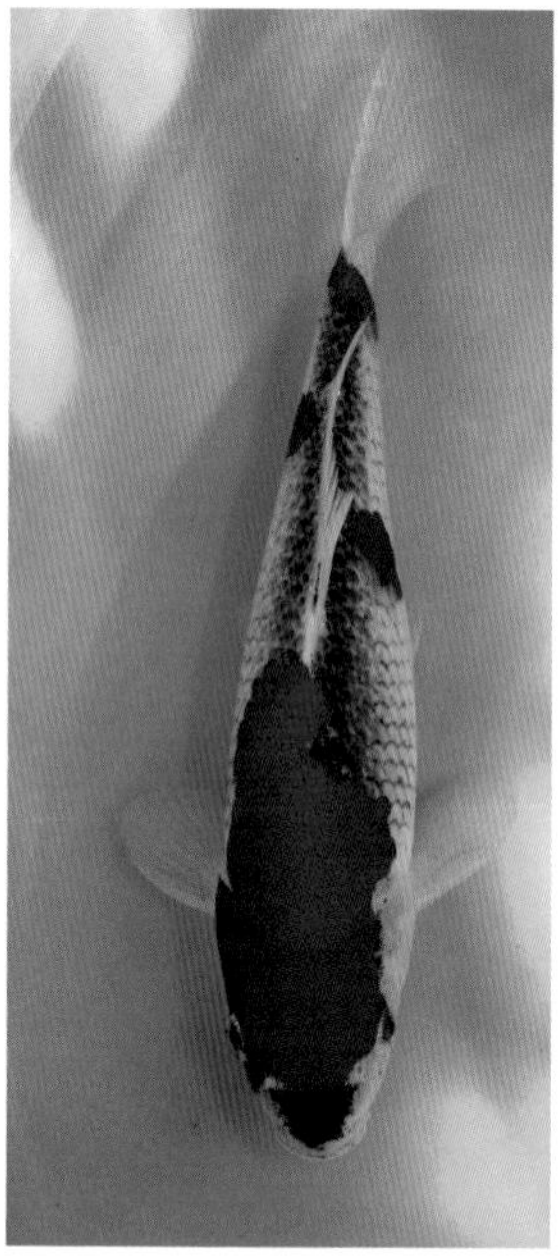

白地にウロコを縁取る網目模様を浮かべた個体。緋盤は頭部に重心が置かれている

2 季節・年齢によって体色が変わる

4才。地肌の大部分が黒く染まった

3才。ウロコに黒い斑紋が現れている

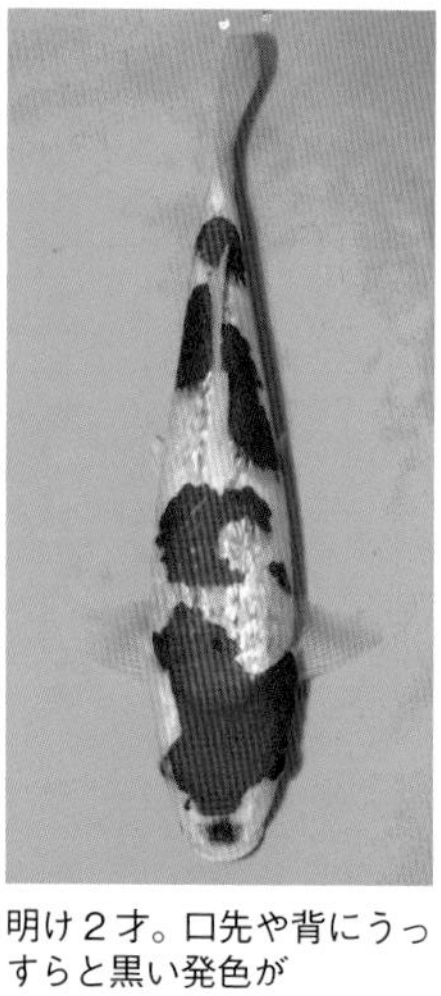

明け2才。口先や背にうっすらと黒い発色が

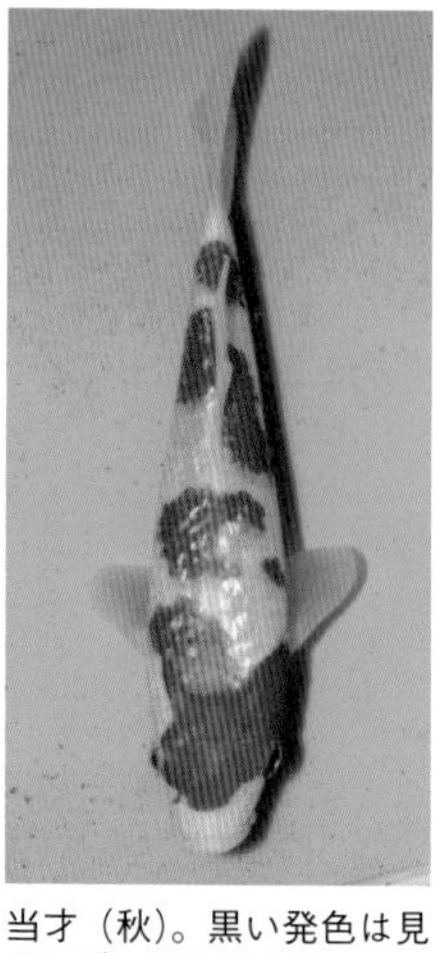

当才（秋）。黒い発色は見られず、紅白のよう

左の写真は、1匹の銀鱗五色の成長過程を追ったもの。地肌の色が劇的に変化しているのがわかる

3 横見向きの模様を持った個体も多い

上見のための改良が進んだ御三家とは異なり、また、模様規定の自由度の高さも手伝って、五色では腹まで巻く水槽映えする緋盤を持つ個体も少なくない（60 ページ、左端の個体）

4 飼育環境に応じた模様を選ぶ

どの品種にも言えるが、魚体が小さいことで映える模様、大きく育ててこそ迫力の出る模様がある。小さめの水槽で飼うなら、写真のような緋盤の面積が少ない個体もきれいに見える

五色の表現と名前の由来

「五色」は、まるで紅白のようなものから真っ黒な地肌を持つもの、ウロコに沿って黒い網目模様を浮かべるものなど、実に多様な姿を見せる品種です。最初にその定義を明確にしておきましょう。

「黒い斑紋の出る白地に、緋盤を乗せたもの」

これが五色です。先述したように、この黒い斑紋の出方には幅があり、また同一個体においても変化します。

ここで、赤・黒・白の3色しかないのに、なぜ五色？ と思う方もいるかもしれません。この由来は諸説あり、作出当初は5色あったものが改良の結果、現在の姿になったという説や、「たくさんの色」の意味で五色と呼んでいるという説もあります。

五色における良い模様とは

五色は、模様の自由度が非常に高い魚といえます。紅白と同じく、段模様、稲妻といった緋盤の基本パターンは評価されますが、そればかりに縛られないのが五色の面白さです。

地肌の発色についても、黒い斑紋の入り方や発色面積の大小で優劣が決まるということはありません。

そう、五色は自由な感性で選ぶことのできる品種なのです。ただし、キワ（緋盤と地肌の境目）が多い個体の方が、赤と黒のコントラストをより楽しめるでしょう。

特筆すべきは、面被り（頭部が赤一色で染まったもの）、飛び緋（地肌にポツンと浮き出た紅のこと）といった紅白では良しとされない模様が、五色では不思議と美しく感じられることです。特に飛び緋は、黒地の上で魅力的なスポット模様になります。

また、五色は腹側まで模様の入った個体も多く、水槽飼育の視点にも十二分に応えてくれるはずです。

水槽で五色の魅力を味わうために

五色の地肌は、水温が下がると黒く、暖かくなると白くなります。夏場に魚体が白くなってしまった！ と、あわてる必要はありません。ただし、水槽など常に加温された環境では黒が出にくい傾向があるので、四季に応じてゆるやかな温度変化を与えるのは有効です。

また、飼育水の硬度は高い方が黒くなりやすいとも言われています。ろ過槽にカキ殻やサンゴ片などを適量入れてみるのもよいでしょう。

緋盤については、多くは成長すれば五色独特の蛍光色のような紅を見せます。色揚げ用の餌を利用するのも良いのですが、与え過ぎると緋食い（緋盤の一部が白く抜ける症状）が現れることもあるのでバランスが大切です。日光に当てることも色揚げには効果があります。ただし、光の差し込む時間が長いとコケの発生につながるので、置き場所は十分に考慮してください。

5 欠点が魅力になることも！

面被り、飛び緋といった紅白では好まれない模様が、五色特有の浮き上がるような緋盤の発色のためか、一転して魅力的に見えることもある

錦鯉の飼い方　池 編

「池」というと、大がかりなものを想像しがちです。しかし、タタミ一畳程度の手頃な池も市販されており、そこで錦鯉を飼育することも可能です。ここでは、様々な条件に対応できるように、なるべく具体例を出しながら池のシステムを解説していきましょう。また、餌やりを始めとした日々の世話の仕方もお伝えします

錦鯉飼育に用いる池

シート池

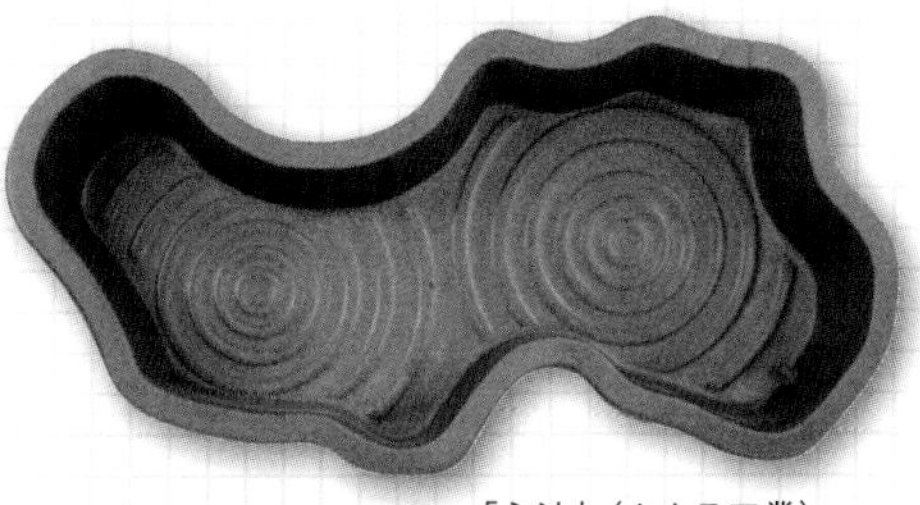

FRP製の池

「心池」（タカラ工業）

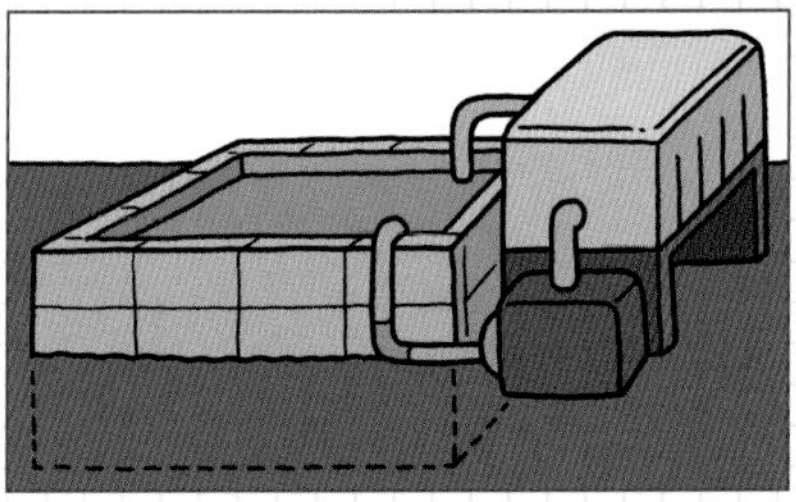

ブロック池

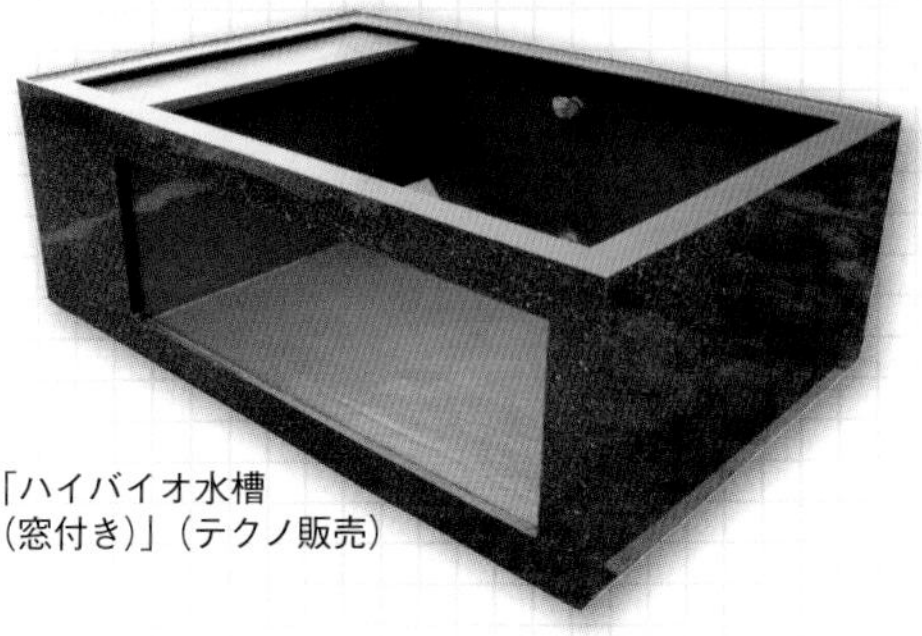

「ハイバイオ水槽（窓付き）」（テクノ販売）

コンクリート池

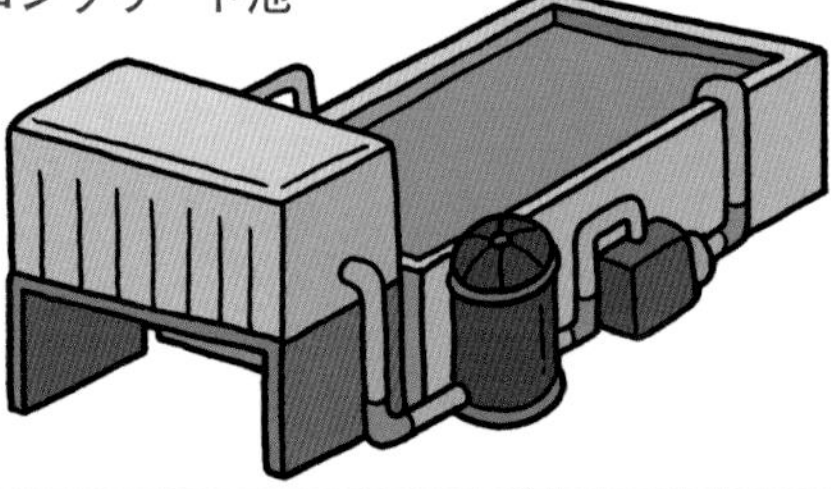

■池の種類

最初に錦鯉飼育に用いられる池にはどんなものがあるか紹介しましょう。

FRP製の池…長方形やひょうたん型をした池。

シート池…土を掘ったり、木などで枠を組んだその内側に池専用のシートを張ったもの。池を自作しようという方に適しています。

ブロック池…コンクリートブロックを積み上げて造るもの。ブロック内には鉄筋を通し、表面はモルタル（セメント）を上塗りする、防水性の塗料を塗るなど、十分な強度を持たせるように考慮しましょう。地中に埋めるならいいのですが、地上に造るときは特に注意が必要となります。

コンクリート池…深い池、大きな池や頑強な池を造りたい方にはコンクリート池が適しています。もちろん、底、側面には鉄筋を入れ、仕上げは表面にモルタルを塗るといった補強作業が必須です。

池の自作については、シート池ぐらいであれば可能ですが、その他についてはプロに任せるべきです。素人工事で地上に造った池は水圧で決壊し、大事故を起こしかねません。

■池制作のポイント

現実には全てを満たすのは難しいと思いますが、理想的な池の条件を挙げます。

場所は日当たりを考慮する

多少でも陽が当たるところが良いでしょう。最適なのは家の東南側で朝陽が当たり、夏には午後から陽が陰るような場所です。

また、大木が近くにあると枯れ葉が池に入って掃除に悩まされることになります。木に散布する消毒薬も鯉には良くないので注意しましょう。

池の形と深さ

縦横比5：2くらいの割合の長方形で、できるだけ大きい方が良いです。水深は、飼育する鯉の大きさにもよりますが、最低80センチ、理想は150〜200センチ欲しいところです。ただし、池が小さい場合はバランスを考え、極端に深くする必要はありません（例えば、タタミ一畳程度の池の場合は、水深は80センチあれば十分）。

水中には流れが滞るような場所を作らないことが第一となるので、入り組んだ形をした池はあまり好ましくありません。また、昔は瓶《かめ》などを入れる方もいましたが、汚れの溜まり場となってしまうのでやめた方がいいでしょう。

同様の理由から、池の底は平らにすることが求められます。ゴミがろ過槽に吸い込まれやすいように傾斜をつける方法もありますが、ポンプの循環量が十分で池に流れがあれば、その必要はありません。傾斜があると、万が一、人が池に落ちた場合などに滑って危ないのです。

錦鯉のための池造り

コンクリート池の制作過程を追いながら、配管や補強のポイントを紹介します

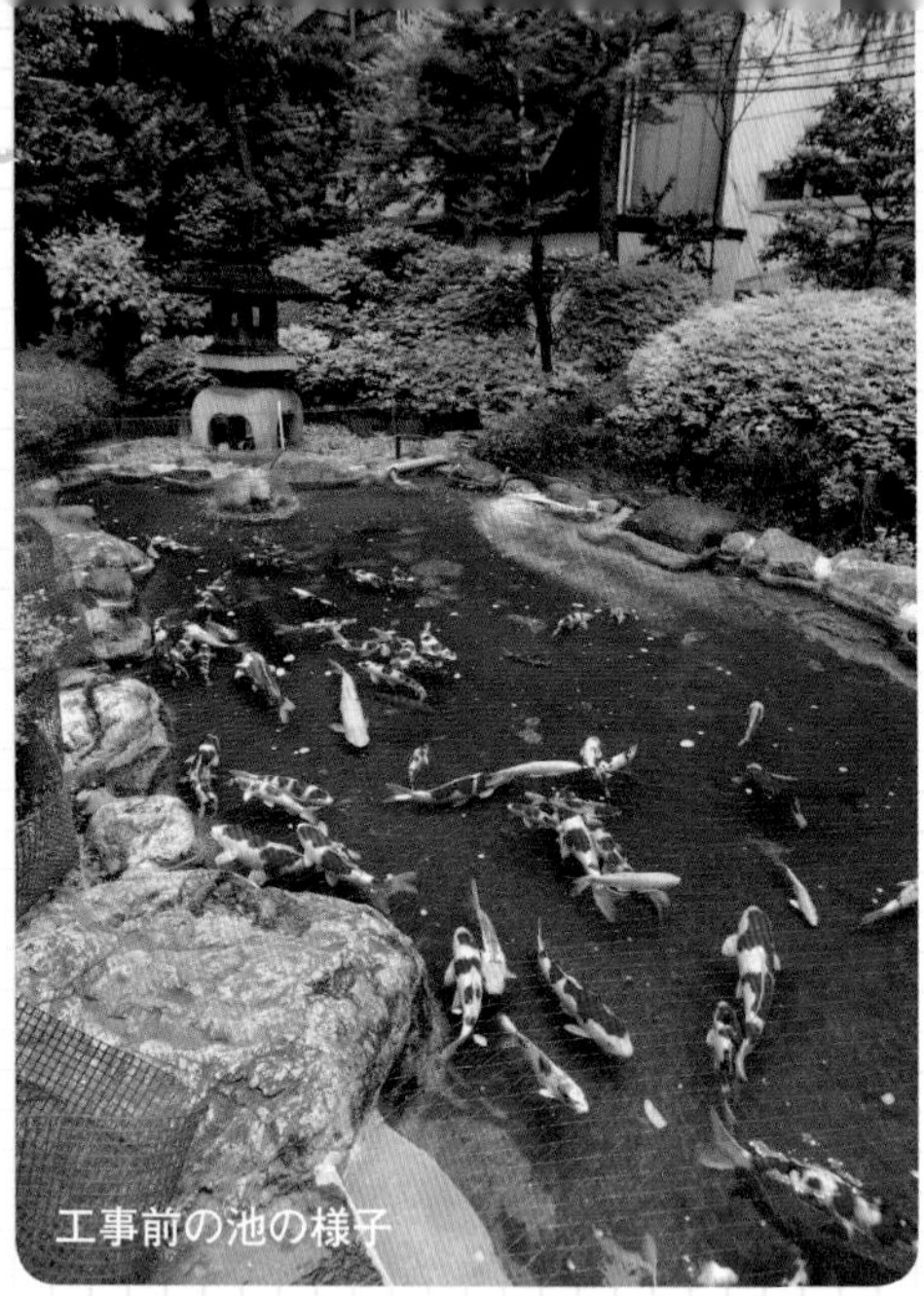

工事前の池の様子

1

82ページから紹介している後藤信之さん宅の工事の様子を追っていく。工事の内容は、元からある池をさらに深く掘り下げるものだが、その工程は新たに池を造るものと同じであるから参考になるだろう

2 既存の池で飼育中の鯉を簡易池に移し、養生する

3 元は水深40cmほどだった池の中央部をさらに40cmほど深く掘り、補強のために“ぐり”と呼ばれる小石を敷き詰める

4

池の中央部にろ過槽への配管パイプを通す。パイプの中は水アカが溜まりやすいので、太い方がいい。また、パイプは後で鉄筋としっかり結び、地震などの影響による水漏れ事故を防ぐ

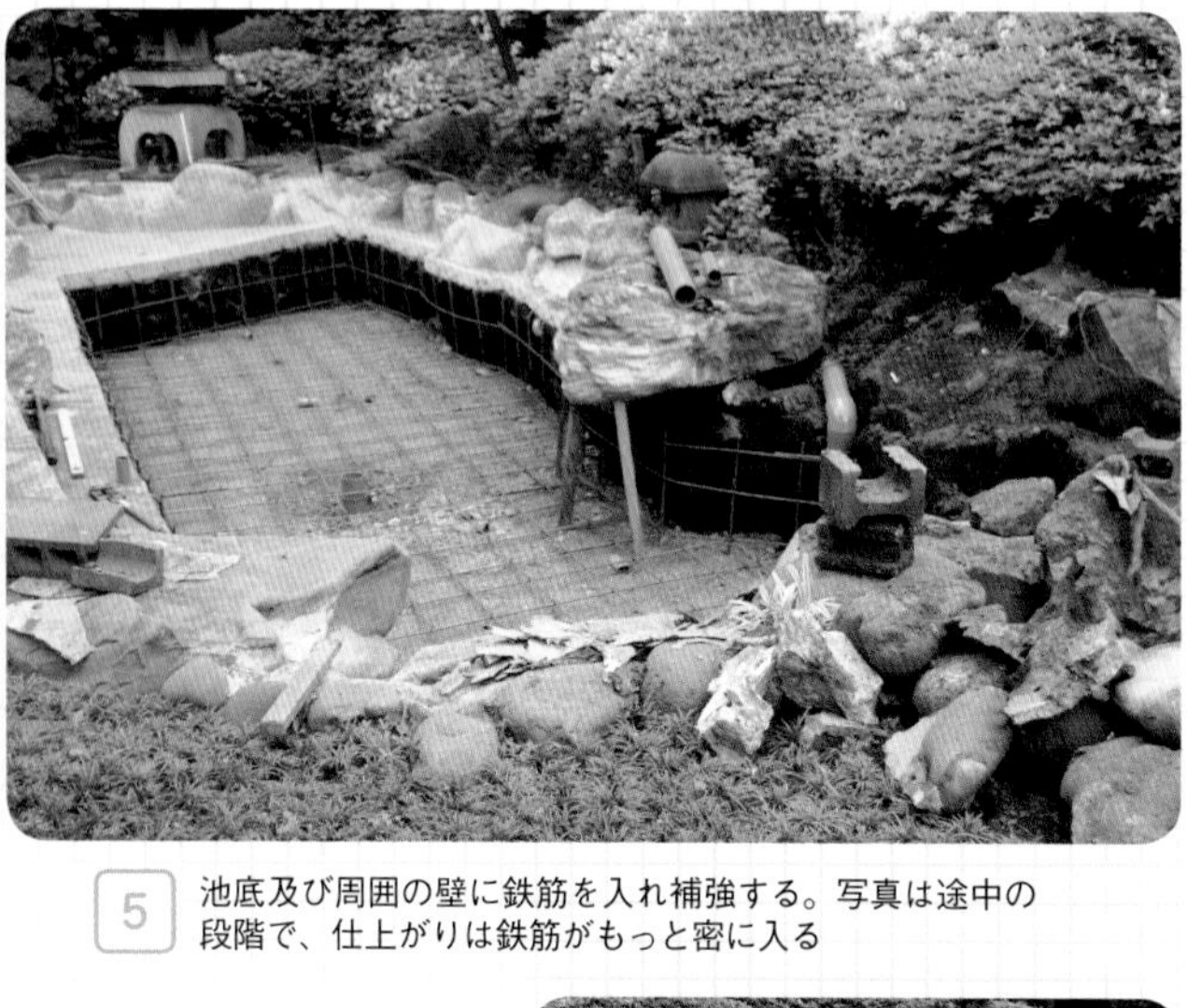

5 池底及び周囲の壁に鉄筋を入れ補強する。写真は途中の段階で、仕上がりは鉄筋がもっと密に入る

6

池底にコンクリートを流した状態

7

掘り下げた部分の内壁を平らにならすため、堰板《せきいた》という型枠を作ってからコンクリートを流し込む

8

堰板を外したところ。内壁がコンクリートで固められているのがわかる

9

池の壁と底に防水モルタル（セメント）を上塗りして、表面をつるつるな状態に仕上げる（素のままでは鯉が傷つくことがある）。この作業でさらに水漏れの心配が少なくなる

10

防水モルタルの上塗りが終わった状態

11

強度と安心感を求めてさらに弾性エポキシ系樹脂を塗った。しかし、これは必ずしも必要な作業ではなく、セメントのままの方が水造りに適したコケが生えやすい印象もある

完成！

これらの作業に要した期間は1ヵ月ほど。水深は深い方が鯉も大きくなりやすく、「以前より元気に泳ぐようになった」と後藤さんも嬉しそう。ちなみに、中央部のみを深くしたのは、人が転落したときの事故を考えてのこと

池造りのポイント 3か条

①小さい池ならば自作も可能だが、大きな池はプロに任せた方が良い
②池全体の水が澱みを作らずに巡環し、ろ過槽へ向かうような設計にする
…そのためには、設計段階でろ過槽への吸水口、出水口の場所、ポンプのパワーを考慮し水の流れを予想することが必要
③水量に適合したろ過システムを作ること

錦鯉飼育に用いる水とろ過

ウォータークリーナー

ちどりR（タカラ工業）
物理ろ過・化学ろ過に、生物ろ過も組み合わせた「ダブルフィルター」方式を採用。揚水量1.2t／時（50Hzタイプの場合）

錦鯉の美しい模様を楽しむために、まず水とろ過にこだわろう

山吹1型（ゼンスイ）
サイレンサーが付属し、気になる水音を抑えることができる。揚水量7m³／時（50Hzタイプの場合）

錦鯉のための池が用意できたのならば、次はその中を満たす「水」についての理解を深めましょう。この水をいかに清浄に保つことができるか、ということが鯉を上手に飼育することに直結してくるのです。

錦鯉の好む水質とは

野生の鯉（真鯉）の生息域は川の中流から下流域や湖沼などで、元来こなれた水（やや富栄養化した水）を好む魚です。これは錦鯉についても同様で、発色を良くするためには、全くの新しい水より、やはりこなれた水が適しています。時折、ろ過設備なしで、井戸水や湧水を豊富に入れて鯉を飼っている方もいらっしゃいますが、病気や寄生虫が付いたり、ことに錦鯉の場合、特に紅白や三色のように紅がある鯉は緋盤が早くなくなってしまうことが多く、これは好ましくありません。

鯉に適した水質を具体的に示すと、pH7・0前後の中性付近の軟水です。地域によっても多少の差はありますが、日本の水道水の水質はこれに近い値を示すので、塩素を中和すればそのまま使用することができます。

しかし、鯉は大食漢であり、その排泄物や餌の食べ残しは水を汚すため、十分な力を持ったろ過設備を設けることが必須です。ろ過能力が足りないと、アンモニアや亜硝酸といった有害な物質が発生し、鯉は状態を崩しやすくなってしまいます。それではどのようなろ過設備があるのか、解説していきましょう。

代表的なろ過システム

ウォータークリーナー

3トンくらいまでの小さな池に適したろ過器です。本体下部にあるろ過槽には繊維マットが渦巻き状に巻かれており、内蔵ポンプにより呼び込まれた水がこの中を通過することでゴミを濾す仕組みとなっています。

利点として、簡単にセットができる、酸素を豊富に取り込める、低価格、消費電力が少ない、などが挙げられます。また、池の形が入り組んでいて、池全体をうまくろ過できない場合、水の澱んでいる場所にセットするといった使い方もできます。

注意点として、ろ過容積があまり大きくないため、こまめにろ材を洗うといったメンテナンスが欠かせません。ただし、機種は豊富にあるので、自分の池の水量に適合したものよりワンランク大きめの機種を選んだり、複数をセットすることで、ろ材の洗浄サイクルを延ばし、管理を楽にできます。

なお、小さな池に設置すると鯉の泳ぐスペースを制限してしまいます。また、ろ過槽を池の外に出して洗浄する必要があるタイプは、ゴミが詰まると重く、メンテに苦労します。自分の池、飼育スタイルに合った機種を選ぶことが大切です。

生物ろ過槽

「ビニロック」などの繊維状マット、網状プラスチックを立体的にした「ヘチマロン」、ブラシなどをろ材に用い、そこに定着したろ過バクテリアにより水を浄化するシステムです。

一度バクテリアが定着すれば水が安定するので、池の水量、鯉の数・大きさに合ったものを設置すれば、ろ材の洗浄サイクルは長く、メンテは楽といえます。初期投資はかかりますが、構造はシンプルであまり壊れること

強制ろ過器

スーパーマリン（京阪水処理開発）
径の異なる４種類の砂利をろ材として用い、物理ろ過と生物ろ過を両立。レバーをひねることでろ材の逆流洗浄が可能

うず潮シリーズ Z-327（ゼンスイ）
特許を取得した五方バルブにより、上部のハンドルを回すだけで、排水しながらろ材を洗浄できる。揚水量 90 ～ 150ℓ／分

生物ろ過槽

セルフクリーン（タカラ工業）
ろ材を幾層にも立体的に重ねることで、生物ろ過の働きを高める。殺菌灯を設置できるタイプもある

生物ろ過とは？

ろ過には、枯れ葉や餌の食べ残しなどの目に見えるゴミを濾し取る「物理ろ過」と、アンモニアなどの目には見えない汚れ、魚に有害な物質を浄化していく「生物ろ過」の２つの役割があります。そして、この生物ろ過を担っているのが「ろ過バクテリア」という微小な生物です。目に見えない汚れを目に見えない生物が浄化する…、にわかには信じられないと思います。しかし、池にろ過器を設置し、作動させて数週間も経つと、水がピカピカと輝くようになるのを実感できるでしょう。これが生物ろ過が働き始めた状態で、「水ができる」と呼びます（ろ過については、119 ページからの用語辞典も参考にしてください）。

池飼育のトラブルについて

1）飛び出し対策

環境に慣れれば、鯉が飛び出すことはほぼないのですが、池に導入したばかりの個体や大雨が降った時はこの限りではありません。対策として、池のふちにコンパネや硬質スチロールを立てたり、植物を植えることが挙げられます。いちばん良いのは、池を造る際に適当な高さの柵を設置することです。さらに、取り外しできるように加工しておけば、鯉の出し入れも容易で、見映えを損なうこともありません。なお、池の上に常にフタを載せていると、人に馴れにくくなり、夏は風通しが悪くなるのでおすすめしません。

2）鳥獣対策

水深を深くすることがいちばんの対策になります。しかし、池を造るのにも様々な制限がありますから、浅い池で飼育をする場合はゴルフネットなどを張って防ぐことになります。鳥は羽がものに触れることを嫌がるようで、池の上部にテグスを20～30cm間隔で張り巡らせるのも有効です。これなら、見た目もさほど悪くありません。

※商品の効果ほかデータは情報提供者によるもの

がないのも利点です。

ただし、バクテリアの働きを利用したろ過システムなので、ろ材の洗浄を怠ると急激にpHが降下することがあるので気をつけましょう。

なお、この生物ろ過槽は単体では機能せず、池水を引くポンプが別途必要となります。ポンプは、充填するろ材の種類によっても異なりますが、1日に池の総水量が数十回転できるような機種が適しています。また、他のろ過器に比べて、やや設置面積が大きいことも考慮しましょう。

強制ろ過器

ポンプ（別途用意する必要がある）で吸い上げた池水が、ろ過器内部に詰められた小石やセラミック、細かい発泡スチロールなどの中を通過することで浄化するシステムです。ろ過器本体が比較的コンパクトで設置面積も割合小さくて済むのですが、その分、ろ材の洗浄サイクルが短くなります。

しかし、特筆すべきことに、このろ過器は本体上部のハンドルを回すといった簡単な操作で内部のろ材を洗浄できるため（自動的に洗浄するものもある）、飼育者はとても楽ができるのです。もちろん、ろ材の交換や目減り分の調整など、定期的なメンテナンスは必ず行なう必要があります。

注意点として、ろ材の洗浄は池の水を利用し、また、排水される構造になっているので、新水を他のシステムより多く入れる必要があります。小さな池に設置すると、新水との交換率が高くなり、池水の水質が急変することがあるので注意しましょう。

以上が現在主流のろ過システムで、理想は強制ろ過器と生物ろ過槽の併用です。強制ろ過器によって一次ろ過した水を生物ろ過槽に通すことで、より安定した水を作れるのと同時に、各ろ過槽の負荷が軽減されるため、洗浄サイクルを延ばすことができます。このような直列的なろ過の他、ポンプを2台用意して、強制ろ過器と生物ろ過槽とを並列に（個別に）セットするのも良いでしょう。これなら、万一、片方のポンプが故障してもあわてなくて済みます。

いずれの場合も、池水量や鯉の匹数など規模に適合したろ過槽とそれに見合った吐出量のポンプを選び、池の水が動かない溜まり場所を作らないように心がけましょう。

あると便利なもの

紫外線殺菌灯

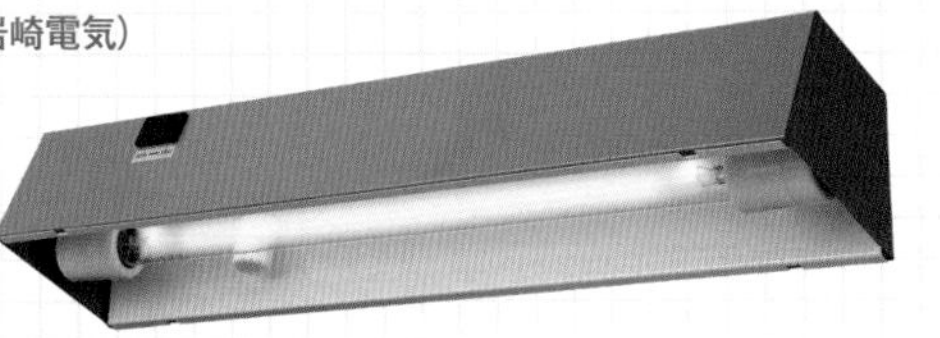

アイ アクアリブ（岩崎電気）
屋外でも使用できる防水構造を持った殺菌灯。ランプの交換も簡単で、1灯式と2灯式の2タイプがある

ターボツイストZ　36W（神畑養魚）
本体内で水が渦巻状に流れることで、水全体に紫外線が均等に照射され、高い殺菌力を発揮する。1,200ℓ以下の水槽用

ろ材

カキガラ（水作）
飼育水の酸性化を防ぎ、さらにミネラル分を放出する。ネット入りで手軽に使用できる

特殊溝加工マット（テクノ販売）
水中で変化や劣化のしにくい耐久性に優れたマット。ろ過槽の形に合わせて自由にカットすることが可能

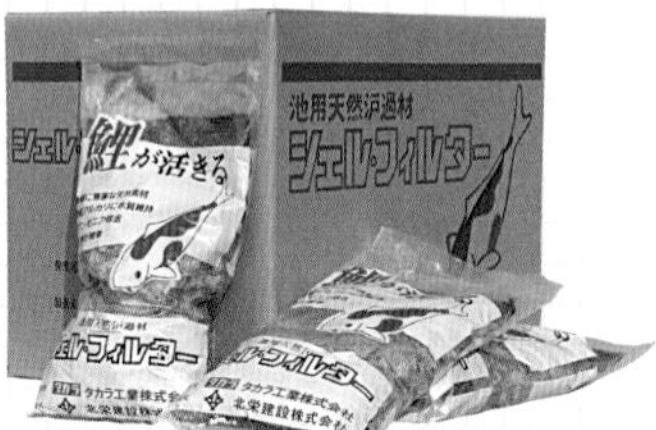

シェルフィルター（タカラ工業）
天然のカキガラを加工、化学処理を施したもので、pHを弱アルカリ性で維持し、アンモニアの除去にも効果を発揮する

エアレーション関連

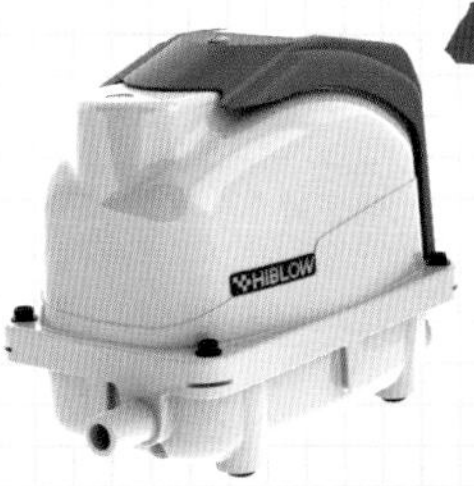

ハイブローXPシリーズ（キョーリン）
屋外の使用にも耐える防雨加工を施し、低消費電力ながら強力な空気吐出力を誇るエアポンプ（ブロワー）

ジェット
水の排出口に取り付けることで、空気を水中に巻き込みながら強い流れを作る

水作ジャンボ（水作）
エアリフト式の投げ込み式フィルター。直径は20cmほどのビッグサイズで池や大型水槽にも対応

殺菌灯

池水の浄化に役立つものとして紫外線殺菌灯があります。池を作った当初のろ過バクテリアが安定していないときや、負荷（汚れ）に対するろ過能力が低い場合、夏場の日当りの良い時期にアオコが発生し水が緑色になることがありますが、このとき、池水の循環部分に殺菌灯を照射することで、アオコを消すことができます。また、水中の病原菌を減らすので病気予防にも有効です。

なお、殺菌灯でアオコは消せても、コケはなくなりません。コケは多少なりとも水を浄化、安定させ、コンクリートや石組みされた池などでは鯉の体を保護する効果もあるので、むしろ生やしておきたいものです。

注意点として、殺菌灯の光が鯉に当たらない場所に設置します。また飼育者は光を直接見てはいけません。

ブロワーポンプ

ろ過システムとは直接関係ありませんが、生物ろ過槽に定着した好気性バクテリアは酸素を必要とするので、ブロワーポンプなどで補助的にエアレーションを施すのは有効です。特に、水温が上昇し、溶存酸素量の少なくなる春から秋には欠かせません。

また、エアレーションは水を攪拌し、池の澱みをなくすのにも役立ちます。ブロワーなら少ない消費電力のわりに、パワーがあるので深い池でも十分対応できるでしょう。

ジェット（ディフューザー）

酸素を供給するアイテムとしては、ブロワーポンプの他にジェットがあります。これは、ポンプで循環している水の排出口に設置し、水の勢いで空気を取り込んで排出するものです。池に水流が作られ、鯉の運動量が増えるため、夏場にたくさんの餌を与えたい方、大きくしたい方には特におすすめです。鯉の食欲が増し、成長が速くなります。

池の日常管理

枯れ葉対策
ポンプの手前に除塵器（写真はトルネードキャッチャーQ／石垣メンテナンス）を取り付ける。水の吸水口に目の細かいストレーナーをつけてもいい

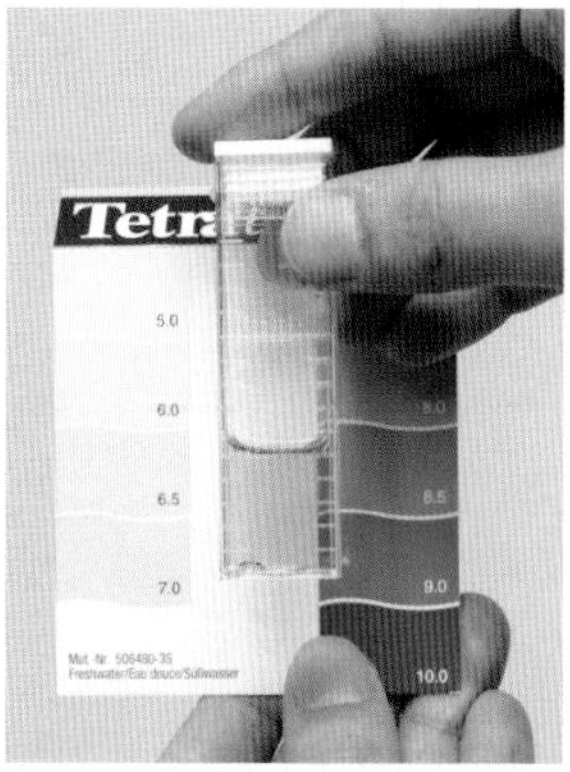

pHのチェック
市販の試薬を使えば容易に測定できる。水、鯉の状態の良いとき、悪いとき、いずれの場合も測っておくと感覚がつかみやすくなる

池の水は交換するのか…

昔、ろ過設備があまり発展していない頃は、夏の行事として、鯉を別の池に移動させて池の掃除をしたものです。子供にとっては鯉と戯れられる一大イベントでしたが、鯉にとっては大迷惑なことだったでしょう。狭い場所に押し込められ、水質も急変するのですから、池はきれいになったがその後、鯉が死んでしまったという話もよく聞きました。

今はろ過器、設備が良くなっているので、全面的な池掃除、大量の換水をする方は少なくなりました。ろ過設備の整った池では、「差し水」といって常に新水を少量入れる方法をとるのが一般的です。これは水槽の水換えのように、周期的に古くなった水を捨て新水を入れるのではなく、常時少量の水が入れ替わるので安定した水質を維持できるのです。

入れる新水の量は、10～14日ほどで池の水がすべて入れ替わるくらいが目安で、例えば総水量10㌧の池ならば、1日に1㌧弱の水を入れることになります。この程度であれば、水道水をそのまま入れても塩素の害を心配する必要はありません。井戸水を入れる場合は、保健所などに検査を依頼し、飲用に適さない水の場合はそのままの使用は避けるべきです。

日頃からpHはチェックすることが大事ですが、ろ過槽や水路など水が循環する場所にカキ殻を入れておくとpHを中性付近に保ちやすくなります。カキ殻は観賞魚用として販売されている洗浄、消毒されたものを使うべきで、海で採集してきたものなどを用いると思わぬ病気を誘発することがあるので避けましょう。また、カキ殻は池水のpHが低い時は消耗してなくなっていくので、定期的に点検・追加してください。もちろん、カキ殻を入れたからといって、差し水をしなくていいわけではありません。

また、雨水はできるだけ池には入れないようにします。

枯れ葉対策

ろ過器にとって大敵となるのが、枯れ葉です。枯れ葉をバクテリアが分解するには時間がかかり、ろ材が目詰まりしやすくなるためです。枯れ葉が池に落ちたらできるだけ早く網で取り除き、ろ過設備に入らないようにしましょう。また、ポンプの吸い口にストレーナー（ネット状のパイプ）などを付けたり、ポンプ手前に除塵器を付けるのも有効です。

ろ過槽の洗浄時期の目安

ろ過槽の洗浄サイクルはそのシステムによっても異なります。ウォータークリーナーの場合は、ろ過水の排出量が低下していれば目詰まりしているので、それを目安にします。生物ろ過槽の場合は、池の規模に合っているものであれば1年に1回、比較的水質の安定している春または秋頃に行なうと良いでしょう。

水が透明に見えると、ついろ過槽の掃除を怠ってしまうものですが、ろ過槽内に汚泥が溜まっていたり、閉塞部分があると、皮膚の病気が出やすくなるので点検の意味も込めて定期的な洗浄を心がけるようにしていただきたいと思います。なお、慣れないうちは加減が難しいかもしれませんが、ろ材に定着したろ過バクテリアが水を浄化しているわけですから、ろ材を新品のようにきれいに洗いすぎる必要はありません。

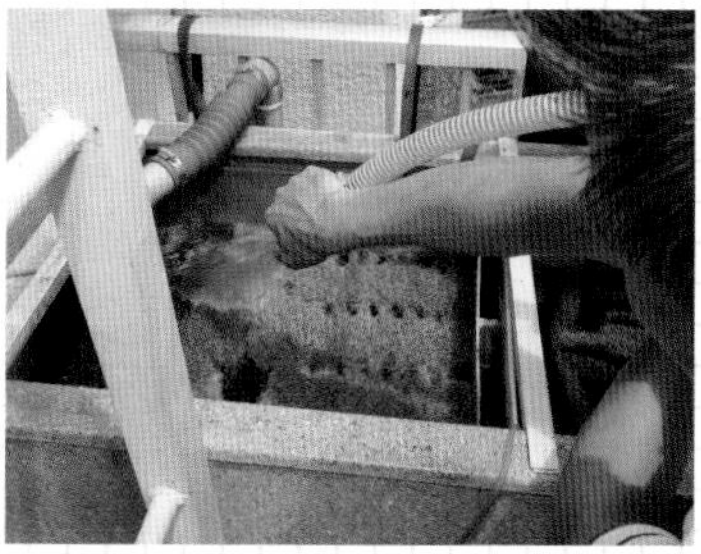

ろ材の洗浄
池の大きさや泳がせている鯉の数、ろ過器の種類によってもサイクルは異なるが、定期的に行ないたい

ひょうたん池のろ過設置例（ウォータークリーナー使用）

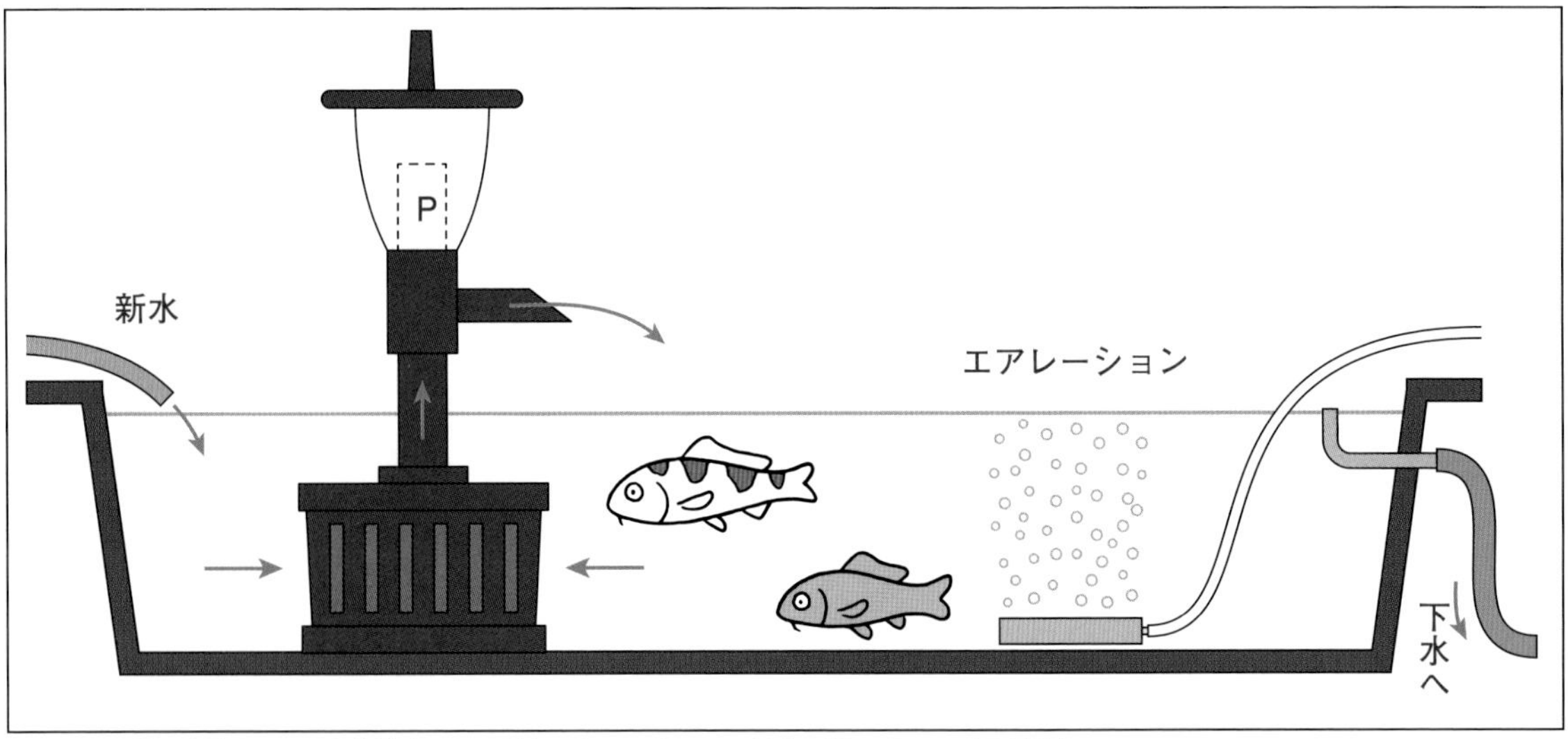

ひょうたん池の水量を500ℓと仮定すると、飼育できるのは20cmほどの鯉、10～15匹が目安

FRP池のろ過設置例（生物ろ過槽使用）

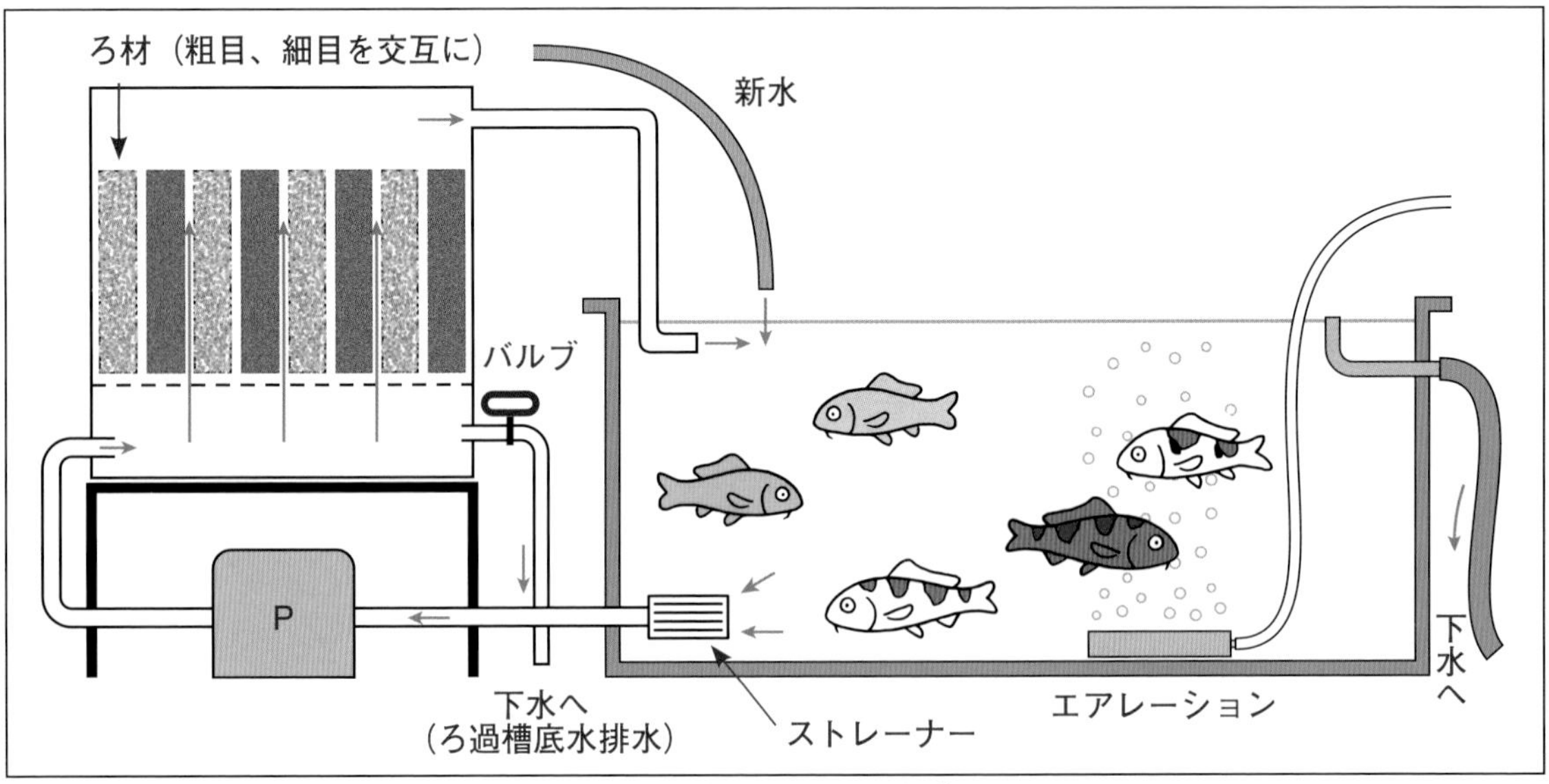

FRP池の水量を1tと仮定すると、飼育できるのは25cmほどの鯉、15～20匹が目安

池とろ過の組み合わせ例

これまで紹介してきた池とろ過について、その上手な組み合わせ方を図を交えながら解説します

※青い矢印は水の流れる方向、Pはポンプを示す。

理想のろ過槽容量

肝心のろ過槽の容量は、池の水量に対して15パーセント確保するのが理想ですが、現実には10パーセントほどに落ち着くことがほとんどです。

ろ過に使用するポンプ

ろ過槽の種類（ろ過方式）によって、必要となるポンプのパワーは異なります。例えば、生物ろ過の場合、池の水が1日に何回転もろ過槽を通る必要があるので、循環量の多いポンプを使います。

大型池のろ過設置例（強制ろ過・生物ろ過併用）

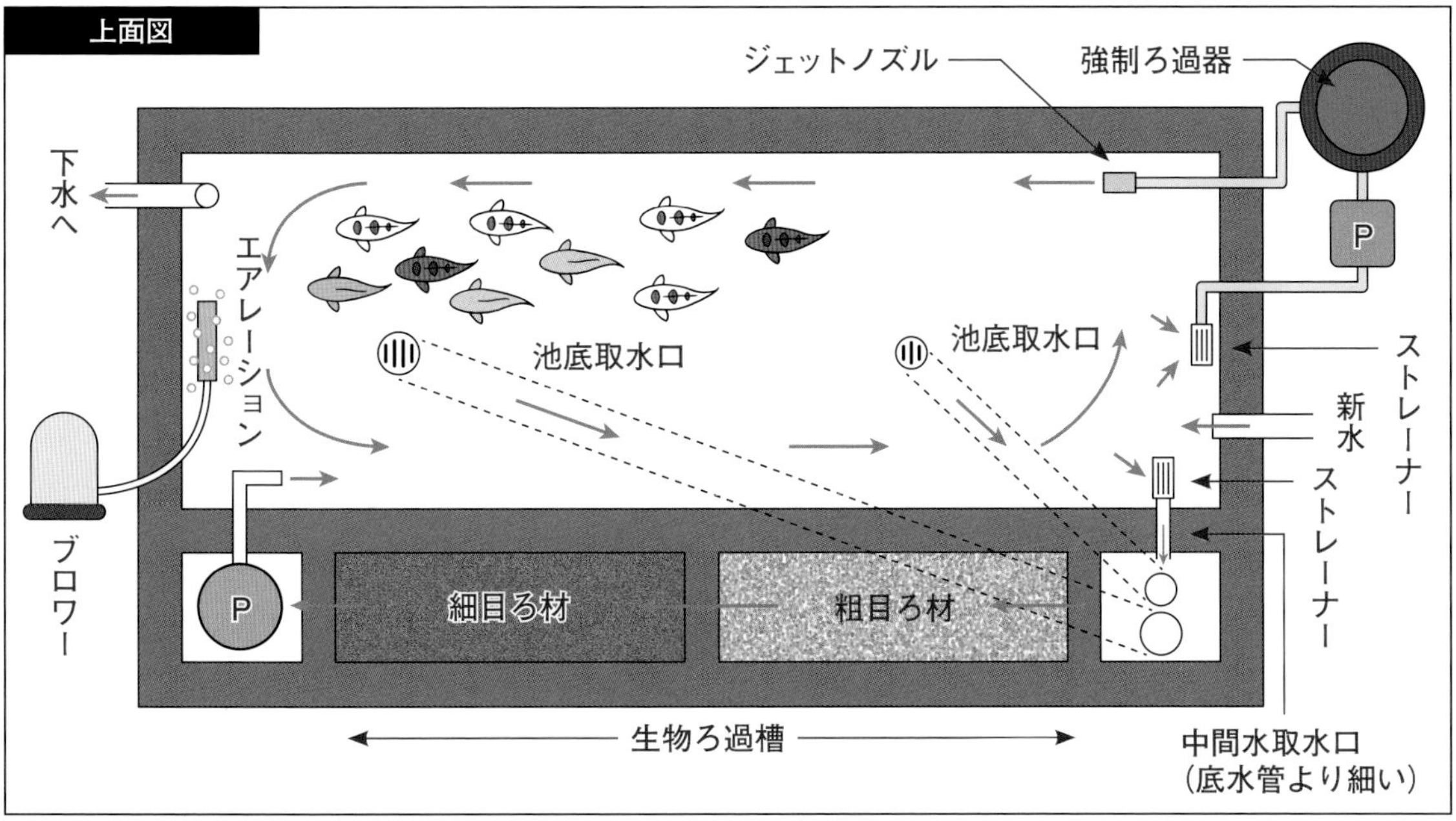

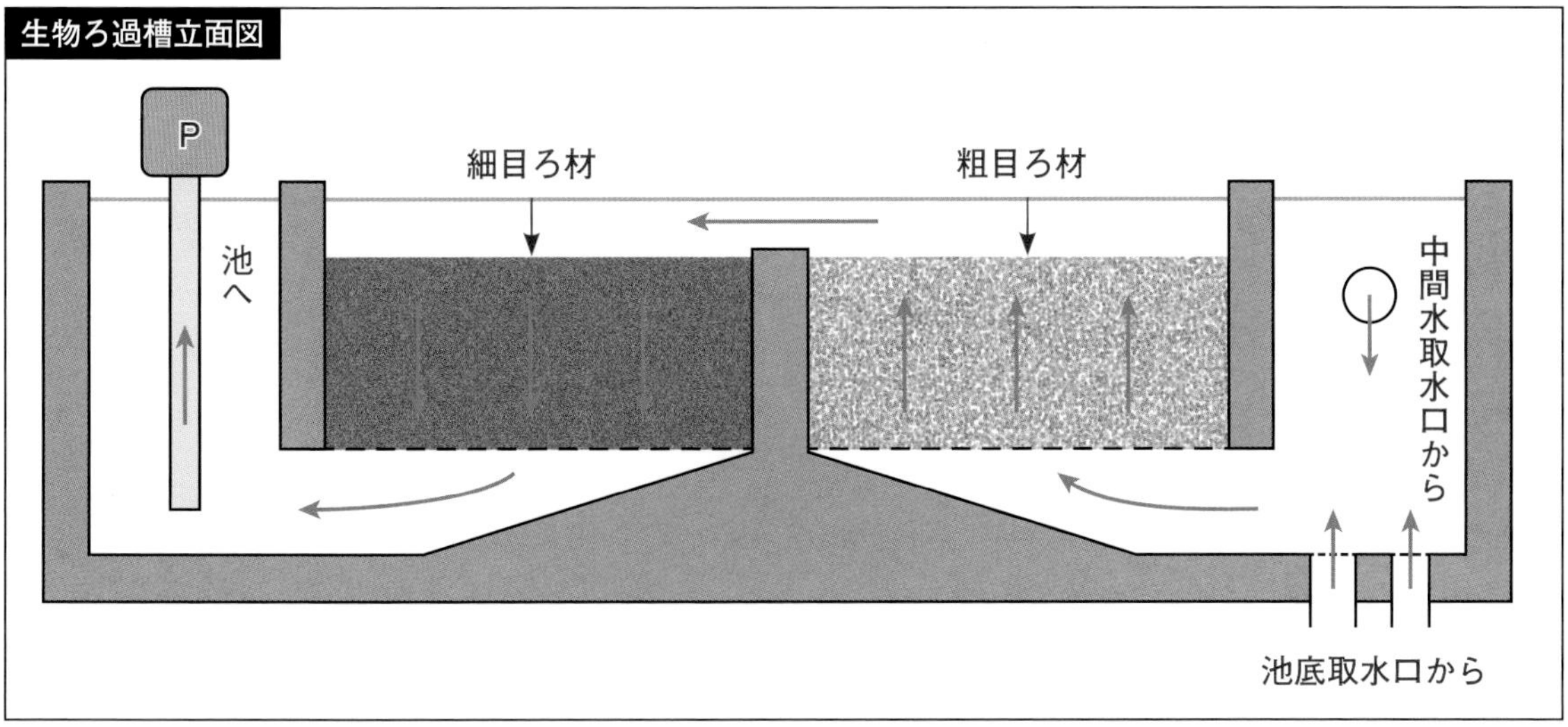

池の水は池底に２ヵ所ある取水口と、中間水取水口から生物ろ過槽へと入る。この水は第一ろ過槽の粗目ろ材、第二ろ過槽の細目ろ材を通り、ポンプで池へと戻される。さらに、強制ろ過器を併用し、出水口にはジェットノズルを付けて酸素を補給している。池の水量を 20t と仮定すると、50cm ほどの鯉、30 匹は飼育可能

ポンプ
強制ろ過、生物ろ過、いずれのシステムにも必要。十分なパワーを持ったものを選ぶ

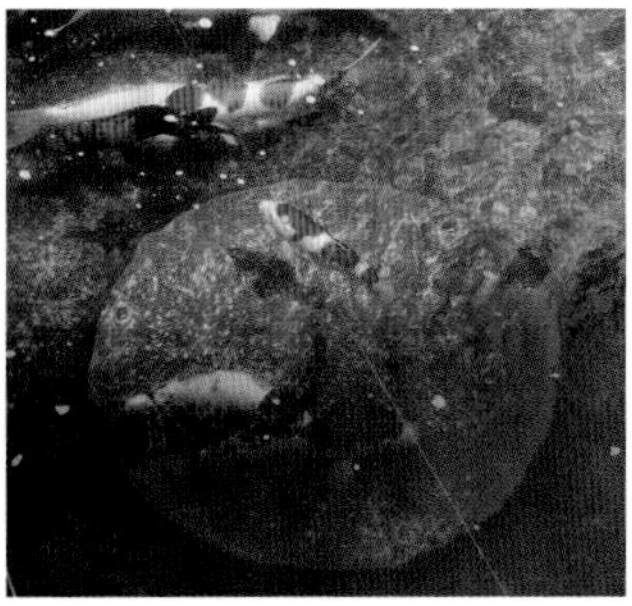

目皿
ろ過への吸水口に取り付けるお椀型のガード。鯉が吸い込まれるのを防ぐ

ポンプの形状は、陸上型や水中式、省エネ型の縦型汲み上げ式など種類も豊富ですが、ろ過システムによって使用できないものもあるので注意してください。水中ポンプは音の静かさという面では優れているのですが、漏電の危険や、故障時や交換する際に手間がかかるので使用する機会は多くありません。

また、万一の故障時にも対応できるようにポンプ、ろ過システムは2台以上設け、さらに酸素を供給できる器具を2つ以上設置することをおすすめします。

錦鯉の導入

購入した鯉はすぐに池に放さず、袋のまま浮かべて水温を合わせる

鯉の運搬に使った水は汚れているので、池には極力入れない方がいい

鯉を追加するときは、最初にトリートメントした方が後々安心できる。期間は７〜10日間に及ぶので、エアレーションやウォータークリーナーを入れる。また、飛び出し防止のために、フタも忘れずに

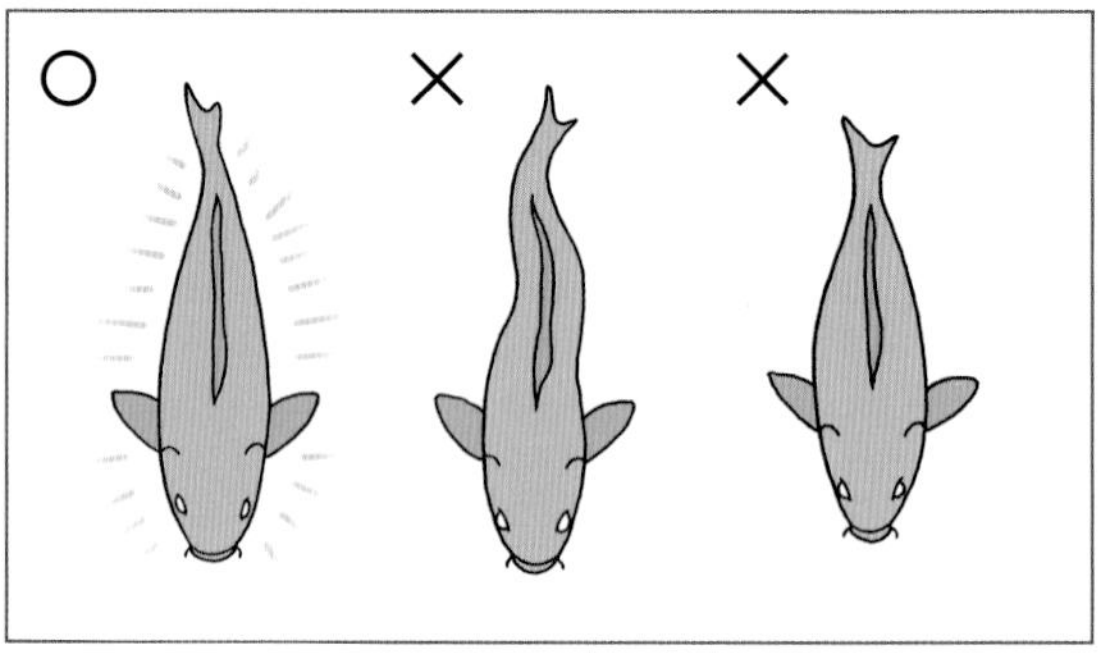

背骨が曲がっている、身体が詰まっている（短い）などの奇形も見られる。正常な体型の鯉を選ぼう

飼育水の準備

池、ろ過設備の準備ができたのであれば、いよいよ鯉を泳がすことができます。まず池に水を満たしたら、鯉を入れる前に2~3日はろ過器を作動させると同時に、エアレーションも施し、水を回します。こうすることで水道水に含まれる塩素も抜け、鯉を飼うための水ができます（コンクリート池の場合はアクを抜くための作業が必要です）。そして、市販のろ過バクテリア剤を入れたら準備完了です。

鯉の選び方

鯉の購入に際しては、本来はご自身でお店に行き、状態をチェックした個体を選んで持ち帰るのが良いでしょう（鯉の状態の見極め方については、137ページからの病気対策の項を参照ください）。まず、いちばん大切なのは健康で、身体に奇形や欠損がないことを確認します。模様については品評会に出品するならば、万人が好むバランスが必要ですが、最初はそのような見方に捉われなくても自分がきれいと思える個体を選べば良いのではないでしょうか。

なお、通常、池で錦鯉を観賞する場合、池底や壁などの背景がコケに覆われて暗く見えるので、紅白、大正三色、昭和三色の御三家の割合を全体の6~7割ほどと多めに泳がせ、残りの3~4割をその他の種類にすると全体としてきれいに見えます。もちろん、池の状況に応じて収容匹数も限られますし、いろいろな種類を飼いたいという方も多いと思いますから、ご自身で全体の色のバランスを考えながら選んでみてください。

水合わせと飼育初期の注意点

通常、鯉は酸素とともに袋にパッキングされて運ばれます。家に着いたら、袋を開けずにそのまま水面に30分ほど浮かべ、水温を合わせてから放します。

最初の1~2週間はろ過バクテリアの数も少なく、十分に活動しないため、アンモニアや亜硝酸の値が高くなりがちです。そこで、与える餌を控えめにし、市販のろ過バクテリアを数日に1回くらいのペースで補充すると、より早く良い水を作ることができます。また、この期間は新しい鯉を追加してはいけません。最初に泳がせた鯉が健康を維持できるか、見極めるためです。

また、錦鯉を飼育中の池に新しい鯉を追加する場合はすぐいっしょにするのでなく、一度、他の小型の池などで7~10日間入れて様子を見た方が安心です。その際、塩分濃度が水量の0・6㌫になるように粗塩を入れ、グリーンFやエルバージュなどを規定量より薄めに投薬することをおすすめします（140ページ、「眠り病」についての記述も参照ください）。

錦鯉の餌の与え方

餌やりは錦鯉飼育の中で最も楽しく、そして、重要な作業。上手に餌を与えれば、鯉たちは健康で、美しい姿を見せてくれる

　犬や猫などペットを飼っている人にとって、餌をあげるのはいちばん楽しい時間かもしれません。勢い良く食べてくれると、今日も元気だなとホッとして、こちらも元気になります。反対にあまり食欲がない時は、どうしたのだろうと気がかりになります。鯉はといえば、飼育環境や体のコンディションが良ければ、夏から秋の初めまでは、一年のうちでいちばんよく食べ、もっとも楽しい季節といえるでしょう。しかしながら、ひと言で餌やりといっても、なかなかコツがあるのです。

　ご存じの方も多いでしょうが、鯉には胃がありません。食べた餌は食道から直接、腸にいき消化されます。よって鯉は食い溜めができません。多くの餌を大量に一度に与えることができないのです。また、水温が季節により変化する（屋外で加温設備がない）場合は、水温によって与える餌の量、種類を変える必要があります。

　愛好家の方や我々プロのほとんどは、餌のメーカーが作った配合飼料とよばれる人工の餌を与えています。最近の人工飼料は、メーカーや錦鯉業者の研究のもと、非常に良いものが多く販売されています。その中から、ご自身の飼っている鯉の大きさや年齢、与える季節に合ったものを選んでください。それでは人工飼料にはどのようなものがあるのでしょうか。以下に解説していきます。

餌の大きさ

　鯉の大きさにより口の大きさも異なるので、それに見合った粒を選びます。小さい鯉に粒の大きい餌を与えると、時たま口が脱臼してしまうことがあります。また、大きい鯉に粒の小さい餌を与えると、思うように食べられず鯉がストレスを感じ、痩せてしまうことがあります。餌を食べるスピードも鯉の大きさによって違うので、鯉は同じくらいの大きさのものを揃えて飼った方が良いといわれる所以《ゆえん》です。

　しかし、通常いくつも池を作ることはできませんし、鯉の成長にも差が出るので、やむを得ず大きい鯉と小さい鯉を同居させることになります。その場合は、最初に小粒の餌を与えてから大粒の餌を与えたり、浮上性の餌と沈下性の餌を混ぜてみてください。

成長段階（口の大きさ）によって餌の大きさを変えよう

浮上性か沈下性か

　餌には浮上性のものと沈下性のものがあります。それぞれの特徴を挙げましょう。

浮上性の餌の特徴

- 餌の種類や粒の大きさが豊富。
- 鯉が餌を食べに水面に上がってくるので、人に馴れやすくなる。
- 鯉が餌を食べに間近までくるので、身体の傷や害虫の寄生などを観察しやすい。また、具合が悪く餌を食べに上がってこない鯉がいないかなど、異変がわかりやすい。

沈下性の餌の特徴

- 浮上させるために膨らませていないので、同じ内容量でも小粒で飼料効率が良い。
- 積極的な性格の鯉は浮上性の餌でもよく食べるが、おとなしく消極的な性格の鯉がいる場合は、沈下性の餌を与えるとよく食べる。

　以上のような違いがあります。状況に応じて使い分けてください。

水槽飼育においても、浮上性、沈下性の餌を混ぜて与えることで、すべての個体に行き渡らせることができる

いろいろな錦鯉の餌

免疫力を高める餌

スーパーメディカープL
成分中の小麦発酵抽出物により鯉体内の健康を維持。また、海藻抽出物が皮膚をケアする（日本動物薬品）

育成用の餌

ミニペット ☆
幼鯉に適した小粒の餌。浮上性（キョーリン）

ひかり ☆
栄養バランスに優れた餌。浮上性。各サイズあり（キョーリン）

咲ひかり 育成用
腸内で餌の消化吸収を促進する「ひかり菌」を配合した餌。沈下・浮上の各サイズあり（キョーリン）

色揚げ用の餌

ミニペット 色あげ ☆
20センチ未満の幼鯉に適した色揚げ用飼料。浮上性。小粒（キョーリン）

ひかり 色揚
色揚げ成分スピルリナを配合した餌。浮上性。各サイズあり（キョーリン）

咲ひかり 色揚用
緋盤の色揚げに最も効果が高いとされるスピルリナを厳選使用。沈下・浮上性の各サイズあり（キョーリン）

増体用の餌

咲ひかり 増体用
脂肪だけでなく、総合的な栄養バランス、健康を考慮しながらカロリーを高めた餌。沈下・浮上の各サイズあり（キョーリン）

低水温用の餌

ひかり胚芽 ☆
消化吸収に優れた小麦胚芽を高比率で配合。沈下・浮上の各サイズあり（キョーリン）

咲ひかり 低水温用
消化吸収の良さはもちろん、成長・色揚げ効果も望める餌。浮上性。各サイズあり（キョーリン）

仕上げ用の餌

咲ひかり白虎 白地用
梅エキスやゴマ油などの厳選素材を配合。美しい白地を維持できる。品評会の前などに。沈下・浮上性の各サイズあり（キョーリン）

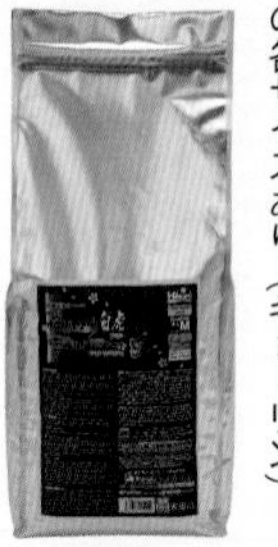

水槽飼育に向く餌

姫ひかり ☆
飼育密度、給餌量を守って給餌することで、小さな錦鯉を水槽で長期的に飼育できる。特小粒（キョーリン）

※☆印は、12cm ほどの幼鯉を初めて飼育しようという方に適した餌です。商品の効果ほかデータは情報提供者によるもの

色揚げ用餌

鯉の紅の色を濃くするためにスピルリナやカロチノイドを入れた餌です。夏から秋にかけてよく使います。この餌を単品で使用する機会は少なく、通常他の餌と混ぜて与えます。色を揚げる効果があっても、紅の質や環境が悪いと紅がなくなることがあります。

免疫力を高め病気になりにくい体質を作る餌

病気になりにくい体質を作るために開発された、生菌剤やラクトフェリンが入った餌です。腸の働きを助け、消化吸収を良くして健康な鯉を作ります。排泄物の量も減るので、ろ過槽の負担も軽減されます。短期間ではなく継続して使用することをおすすめします。

低水温用の餌

低水温期（水温が12～18℃ぐらい）に与えることを念頭に開発された餌です。消化吸収に特に優れていますが、与え過ぎないよう注意してください。

胚芽入りの餌

小麦胚芽を入れた餌で、消化が良いので比較的水温の低い時にも与えられます。肌地をきれいにするともいわれています。20才を過ぎたよう

な高年齢の鯉にも向くと思います。

増体用の餌

鯉を大きくすることを念頭にカロリーを高めた餌です。高水温期に与えます。

与える餌の量

我々プロがいちばん数多く受ける質問が、餌の量に関するものです。いったいどのくらいを与えたら良いのでしょうか。

餌の量は飼育する鯉の大きさや水温の違い、飼育する環境によっても大きく異なります。簡単にいえば、池の水量に対して適当な数の錦鯉を泳がせている場合（極端に飼育数が少なかったり、多かったりしない限りは）、1回に与える餌の量は時間にして「2～3分で食べつくす量」が目安です。

低水温期は鯉の動きが緩慢なので、餌を食べるのもゆっくりになります。よって2～3分で食べる餌の量も少なくなるはずです。それに対して夏は活発に動き、バシャバシャ音を立てて餌を食べるほどなので、1回の餌の量は冬の数倍になります。また夏は1日に3～5回くらい餌をやることも可能です。

次ページに、餌の与え方と季節ごとの飼育の注意点をシーズンごとにまとめたので、それも参考にしてください。

色揚げ飼料の効果について

左の錦鯉は色揚げ飼料を与えていないもの、右の錦鯉は２ヵ月のあいだ色揚げ飼料を与えたもの。見た目での差異が現れており、赤みを表す数値（a値：グラフ）にも差が出ている（資料提供／キョーリン）

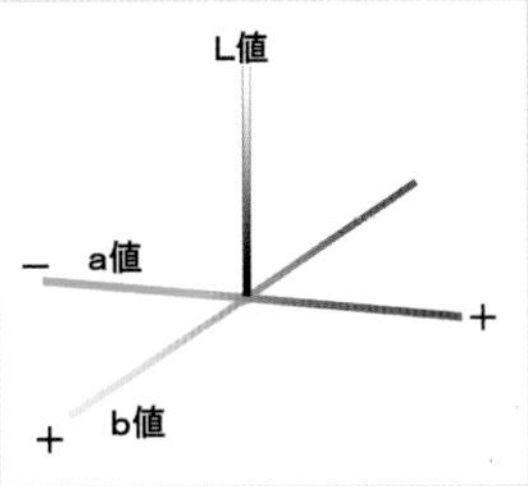

色揚げ飼料なし
L値 46.1　a値 21.4
b値 38.0

色揚げ飼料あり
L値 37.5　a値 34.7
b値 38.4

錦鯉のための上手な給餌術 7か条

1. 古くなった餌は与えない

大量に餌を買わず、こまめに季節に合った餌を買って与えます。開封後は缶に入れたり、涼しい場所に保管して酸化を防ぐことも大切です。

2. 朝の給餌時には体調チェックを

朝いちばんに餌を与える時は、鯉の調子が最もよくわかります。食べが悪い時は、その原因がわかり対処できるまで、その日の2回目以降の餌やりは控えましょう。

3. 餌やりは午後3時まで

できる限り午後3時前に餌やりは終えましょう。それ以降にやる時は酸素不足や肥満に注意してください。

4. フンの状態をチェックする

給餌した数時間後、浮きフン（水面に浮くフン）が多く見られたら、消化不良や酸欠を起こしている場合があります。餌の量を見直し、エアの供給量を増やしてみましょう。また、餌の品質が良くないときも消化不良を起こし、浮きフンがたくさん出ることもあります。

5. 鯉の身体をチェックする

ろ過が十分でなかったり、運動量が少ないスペースなのに多くの餌を与えても、消化不良を起こします。そのまま放っておくと、両胸の辺りのウロコが持ち上がったり、目が出るなどの症状が出ます。

6. 餌を与える意味を水温から理解する

鯉が大きくなるのは水温20℃以上ということを念頭において、給餌量を調整してください。その水温より低い時は、体力維持をするための給餌と考えれば、餌を与えすぎることがないと思います。

最近では水温が10℃以下にならないよう加温設備を設け、餌を切らずにほんの少量の低水温用餌を与えている方も多くなりました。餌の品質が向上し、春の給餌を始めるタイミングに悩まずに済むのは良いことだと思います。

しかし、低水温時に餌を与える場合は、決して鯉を大きくしようとか太らせようと考えてはいけません。あくまでも体力維持です。

7. 水温のメリハリは必要

いくら加温設備があるからといって冬にも水温を20℃以上にするのは、色彩の面からいっておすすめしません（緋盤が消えやすくなります）。

ここでは、季節ごとにどのような餌を、どのくらい与えたら良いのか、を具体的に解説していきます。最初は難しく感じるかもしれませんが、これは日本という四季の豊かな国で生まれた錦鯉ならではの、楽しみ、奥深さともいえるのではないでしょうか

春

水温：約11〜19℃
（桜の花が散る頃から6月初め頃）
餌：1日に1回ぐらい与える

鯉の動きが水温の上昇とともに良くなります。冬に餌を与えていなかった方も、そろそろ餌を与え始める時期なのですが、このタイミングがいちばん難しいのです。

冬期に水温が低くて餌を与えていない場合、鯉の腸は休眠状態になっているため、それを徐々に回復させるための準備期間が必要です。これを失敗すると5、6月頃に死亡することが多いのです。そこで、1週間〜10日くらい、ウォーミングアップとして餌を少量の水につけ、表面を柔らかくしてから与えるようにすると良いでしょう。こうすることで休んでいた腸の負担を多少なりとも減らせるからです。

ちなみにこの時期に私が使用しているのは、キョーリンの「咲ひかり低水温用」などです。この季節は、餌を欲しがるからとついつい多くの量を与えてしまいがちですが、水温が安定して20℃を超えるまでは、抑え気味を実践してください。↘

◆**消毒**

水温が15℃を超えた頃から鯉は活発に動き出しますが、細菌類や寄生虫も活動を始めます。鯉が頻繁に体をこすったり、飛び跳ねる行動を見せたら、ショップに相談して消毒薬を散布してください。新しく鯉を追加するときは、別の容器で1〜2週間様子を見てからいっしょにした方が安心です。

夏

水温：20℃以上
餌：1日に数回与える

成長する時期ですから、環境（ろ過設備、酸素量、飼育スペース）が整っていれば3時間ごとに与えることも可能です。できたら最初は朝に与え、以後3〜5時間ぐらいの間隔を空けると良いでしょう。消化不良を起こす危険もあるので、夕方以降はあまり与えない方が無難です。飼い主の都合で一度しか餌を与えることができない場合でも、一気にたくさん与えるのは好ましくありません。

種類でいえば、色揚げ効果のある餌を混ぜたり、カロリー値の高い餌を与える時期です。色揚げ用の餌、増体用の餌、また、豊富な量の餌を与えると、時に鯉の肌地（白地）が黄色くなることがありますが、あまり心配する必要はありません。

◆**アオコ**

水が緑色になる、俗に言うアオコが出た場合は、日光が当たりすぎていないか、水槽の場合は蛍光灯の照射時間が長くないかを点検してください。設備に関しては、ろ過能力の高いフィルターを使用すると、アオコ↘は出にくくなります。またヨシズなどで日陰を作ったり、殺菌灯を使うのも良い方法です。

◆**エアレーション**

高水温になると、水中の溶存酸素量が少なくなりやすいので十分なエアレーションを施してください。餌をたくさん食べると、鯉自体もたくさんの酸素を要求します。

鯉が酸欠になっているかどうかを見極めるのは早朝もしくは夕方がわかりやすく、呼吸が速かったり、ろ過器からの出水口に集団で集まっていたら酸欠の状態です。

◆**水質**

この時期は餌をよく食べ、水を汚すため、pH低下により食欲が落ちたり、元気がなくなることが多いです。pHを測定し、6以下になっていたら、水換えをしたり、カキ殻（観賞魚用のもの）やpHを上げる添加剤（例：鯉↖

季節に応じた餌のやり方・飼育の注意点

秋

水温：20℃以下に下がってきた頃
餌：量を徐々に減らす

色揚げの餌を多少混ぜながら、カロリーの少ない餌に切り替えていきます。例えば、胚芽入りの餌などを混ぜます。

水温が低くなり、餌の量を減らしていくと、夏に黄色くなっていた肌地も白くなって紅も濃くなります。夏の成果が現れ、ボリュームが付いた体にきれいな色彩が乗る季節です。

◆野池から戻した鯉のトリートメント

野池で鯉のサイズアップを図っていた方は、冬に控える品評会を前に自分の池へと戻す時期だと思いますが、寄生虫や病気を持ち込む恐れがあるので、春と同様に消毒を行なってください。

◆枯れ葉の処理

寒くなってくると木々が葉を落とし始めます。あらかじめ除塵器を使用しているのであれば問題はありませんが、そうでない場合は見つけ次第取り除くようにします。枯れ葉の分解には時間がかかるので、ろ過槽が目詰まりを起こしやすく、また、溜まった枯れ葉は雑菌や寄生虫の沸く温床となるためです。

のよろこび）を入れ、できるだけ早く対処してください。

また、夏休み等で長期外出する場合、1週間ぐらいは餌を与えなくても問題はありません。むしろ、出かけるからといつもより多く餌を与えると、留守中に水質の悪化を招き危険です。ただ出かける前に、ろ過槽の洗浄や水質チェックはしておいた方が良いでしょう。また、水槽の場合、閉めきりによる水温の上昇には注意してください。

冬

水温：10℃以下の頃
餌：与えない

基本的に水温が10℃以下になったら、餌は与えません。そして、一度餌を与えるのを止めたら、たまに暖かい日があり、その水温が10℃を超えたとしても、与えてはいけません。再び水温が下がったときに消化不良が起きやすくなるためです。水温が安定して常に10℃を超えるようになるまでは、例え餌を欲しがってもあげないことを徹底しましょう。

もし加温設備があり、水温を10℃以上に維持できる場合は、ほんの少量を昼間に1回だけ与えてください。

◆雪の処理

雪が池の中に入ると水温が急激に下がり、低水温症を引き起こしやすくなります。雪が降り始めたら、発泡スチロールの板などで池にフタをして池に雪が入ることのないようにしてください。また、雪が積もると、それを溶かすために池の中に落としている方が時折いらっしゃるのですが、言うまでもなく、これはやめましょう。

また、ろ過槽からの出水口を水中に沈めたり、滝を止めることで、水温の低下を防ぐことも大切です。

錦鯉愛好家宅訪問　池編

これまで解説してきたように、池というのは、その持ち主の考え方、思いなどが凝縮したものと言い換えることができるでしょう。ここでは、そんな池にこだわりを持った3名の愛好家の飼育風景を紹介します。その池には、どれくらいの錦鯉を泳がせているのか、どんなろ過を使っているのか、など参考にしてみてください

愛好家宅訪問

池編

いろいろな体験をできたラッキーな3年間でしたが、錦鯉の本質を知るにはまだまだです

埼玉県／田口勝則さん

Thanks／鯉の見沼、テクノ販売

奥様のツネヨさん、娘さんの雅美さんと。餌やりを頼んだり、いっしょに品評会に行くこともあるそうで、錦鯉の飼育を家族で楽しんでいる様子が伝わってくる

ヒレナガゴイは初めて飼育したコイということもあり、愛着がある。他のコイとすれ違う様も優雅なもの

県大会で優勝したこともある黄金。艶やかな発色が美しい

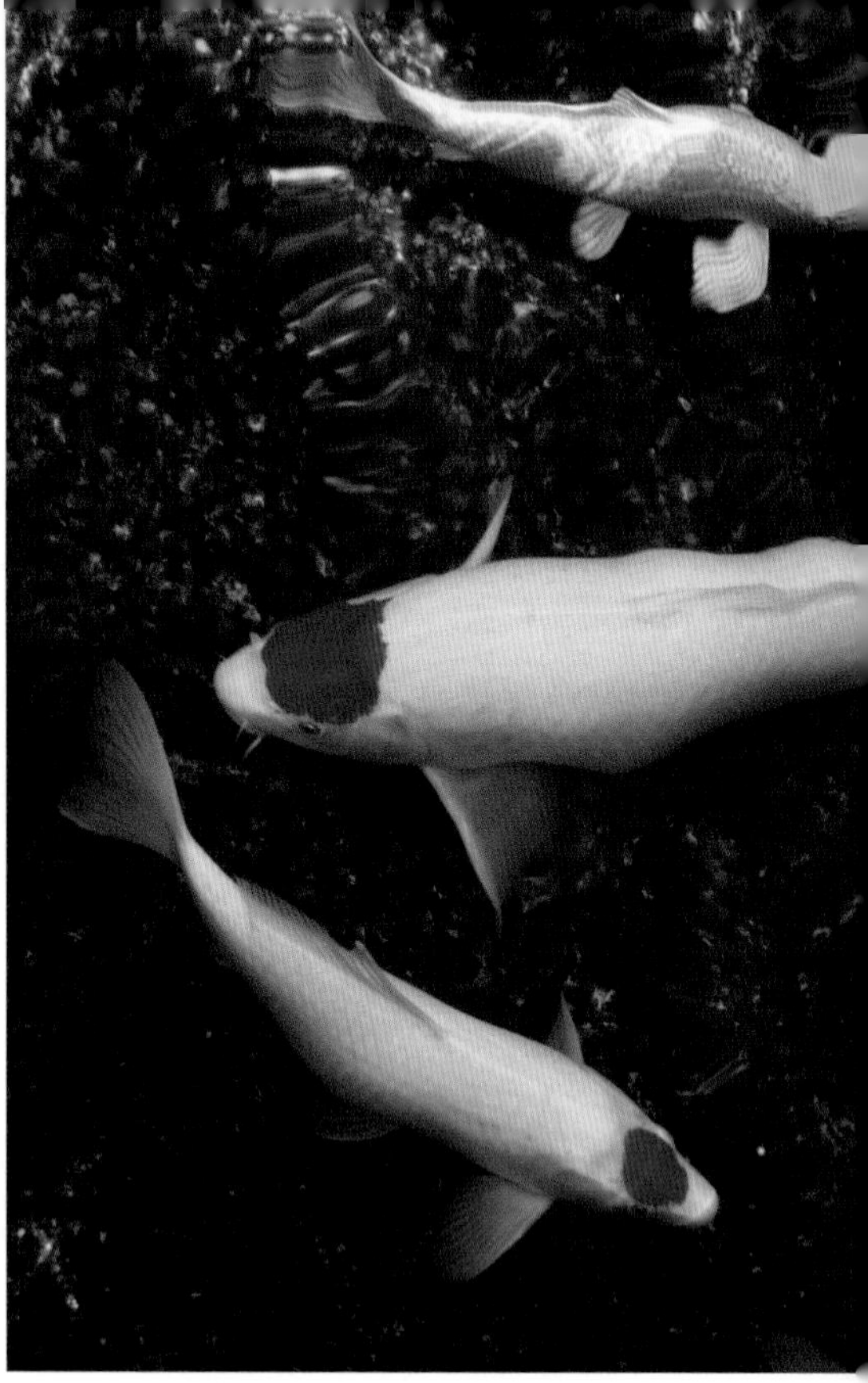

田口さんに品評会の楽しさを教えてくれた丹頂紅白。シンプルな色の組み合わせが気に入っている

'09年の全国若鯉品評会の33部、光り無地の部門でプラチナが優勝したときのトロフィー。この受賞が田口さんの錦鯉飼育の方向性を決めた

池を中心とした生活の始まり

和風モダンとでも呼んだらよいでしょうか、洒落た雰囲気の池で田口さんは錦鯉の育成に励んでいます。

この池が作られたのは、3年ほど前。元々お父さんが錦鯉を飼育していた池があったのですが、田口さんの息子さんが生まれた際、落ちたら危ないと埋めてしまっていたそうで、お仕事を辞められたことをきっかけに錦鯉飼育を思い立った田口さんは、自ら改修を始めたのです。

しかし、施工からかなりの時間が経過していることもあり、壁面のひび割れなどもひどい状況。防水コンクリートを塗り、FRP加工するなどの工程を経て池が完成したのは1ヵ月後のことでした。池の周りの砂利や庭石の配置といった力仕事まで自分で行なったそうですが、田口さんの言葉から苦労は感じられません。それは文字通り、池を中心とした「楽しい」生活の始まりだったからです。

初出品で初優勝!

そんな田口さんの錦鯉飼育の門出を祝うかのように、朗報が舞い込みます。なんと初めて出品した県大会で、丹頂が優勝したのです。

「赤は本当に赤、地も乳白色というか、すばらしい個体だったんですよ」

そう語る表情を見ていても、当時の喜びがこちらまで伝わってくるよう。そして、勢いそのままに挑戦したのは、より規模の大きい関東・甲信地区大会、ここでもプラチナ黄金で優勝を果たします。

購入した鯉を品評会に出せば結果がついてくるといった状況はしばらく続き、それは幸先のよいスタートを切ったといえるでしょう。が、しかし、この追い風の止まる時がきます。突然、魚が死に始めたのです。

「最初は何がなんだか、わからなくて…。馴染みの店に相談すると、ネットで購入した魚が原因じゃないかと。そうだとしても、どの魚が原因かはやっぱりわからない」

品評会を目指す者にとって、魚が次々に賞を獲ることほど面白いことはありません。どんどん新しい鯉が欲しくなる気持ちもよくわかります。しかし、そこに落とし穴がありました。どうやら、十分にトリートメントが行なわれていない個体を入手してしまったようなのです。

そこで魚をすべて出し、池を一度リセットすることにしました。また、その苦い経験をムダにしないように、以来、購入した鯉はFRP製の池でしばらく様子を見るようにしています。

池の水量は3.5t。南東向きの日当たりの良い場所にあるため、水温が上がりやすく、錦鯉の成長も速い。黄金やプラチナといった御三家以外の品種も多く泳ぎ、バラエティ豊かで楽しげな印象

池には常時、少量の地下水が流れ込む仕組みとなっている。先祖代々使っているもので、水質の良さもお墨付き

FRP製のろ過槽の容積は600ℓほど。2層式で、ろ材にはグラスウールを使用。水は殺菌灯を通って池へと戻る

FRP池で飼育中の20cmほどのプラチナ。ウロコ並みの整った美しい魚たちで、この中の4個体は県大会で優勝などを受賞しているのだが、それがどれであるかは田口さんも「?」らしい…

幼鯉の育成やトリートメントなどに使用している600ℓほどのFRP池。メインの池を掃除するときは、一時的にせよ30匹以上の鯉をここに収容するというから、見かけ以上の容量がある

FRP池のろ過槽。ポンプは使用せず、ブロワーによるエアリフトの力のみで、水を循環、ろ過する設計になっている

使用している餌は「ひかり胚芽 浮上」など。取材に伺ったのは3月下旬のことで、気温の上昇と共に徐々に与え始めていた

「やっぱり3年飼ったくらいじゃ、まだまだですね。あと10年も飼い続ければわかってくるんじゃないかと…」

結果を残している方から聞くと、重みを持って伝わってくる言葉です。

品評会に出品する理由とは

田口さんの魚を見る目にはセンスが感じられます。得意とする黄金やプラチナなどの品種では、どこを見て選んでいるのでしょうか。

「間違いないのは、お店のおすすめです（笑）。ただ、色の濃さはもちろんとして、形の良いもの、大ぶりなもの。そして、ウロコの目ですよね。全国大会にいくと、美しく並んだウロコを持った魚がいて圧倒されますから」

なるほど、品評会に魚を出品し、実際に足を運んで多くの個体を見ることで、選別眼を養っているのでしょう。また、田口さんは品評会に魚を出品する理由をこう語ります。

「その鯉を飼育したという記録を、賞という形で残してあげられたらと思うんです」

そんな折、偶然にも取材中に、県大会に出品していた銀鱗紅白が桜賞を受賞したという報せが届きました。田口さんの残す記録の数は、まだまだ増えていきそうです。

愛好家宅訪問

池 編

ビルの隙間に現れた錦鯉の楽園

東京都／後藤信之さん

Thanks ／錦鯉かのう

最も好きな品種は紅白。その魅力は、「赤と白の単純なカラーパターンだけど、その分、奥が深く、ごまかしが効かないところ」という

意外な場所に錦鯉の池が！

そこは、「本当に錦鯉の池があるの⁉」と思わずにはいられないような都会の真ん中。ビルの間に突如現れる総水量13トンの池と、そこに泳ぐ60匹もの錦鯉の姿にはただただ驚くばかりです。築45年という長い歴史を持つこの池は、元々は枯山水だったものを後藤さんのお父さんが錦鯉を飼育するために改築したのが始まり。そして、後藤さんは20年ほど前に、お父さんからこの池を引き継ぐような形で、錦鯉の飼育を始めました。しかし、当初はこの池を埋めてしまうつもりだったと言います。

「庭師さんに、『この庭は池を中心に造られているのでつぶせない』と言われてしまって。しょうがなく鯉屋さんを回って勉強しているうちにハマってしまったというわけです（笑）」

そう、後藤さんも魚が嫌いという

立ち並ぶビルの中で、周囲の喧騒とは無縁の、まるでこの池の周りだけは別の時間が流れている、そんな錯覚さえ起こさせる美しい庭園だ

御三家を始め、黄金、秋翠など様々な品種が泳ぎ、その一瞬一瞬を切り取れば、まるで絵画のような美しさ。中央の迫力ある３段模様の紅白は、後藤さんのいちばんのお気に入り

錦鯉はもちろん、池の周りに植えられたツツジや桜などの植物も四季に応じて色を変え、目を楽しませてくれる。池の大きさは8.5 × 4.5 × 0.4（D）mほど。周囲に張られているネットは鳥害対策

怪魚発見？　正体はアルビノ草魚。他に、アオウオ、ウグイが泳ぐなど、川魚好きという後藤さんの趣味が池に現れている

この大正三色もお気に入り。緋盤と緋盤の間の、絶妙な位置に入った墨が味わい深い

ことは全くなく、むしろ根っからの魚好き。学生の時には数本の水槽で川魚を飼育し、現在も室内の水槽に熱帯魚が泳いでいるほどです。また、よくお父さんに連れられて鯉屋巡りもしていたそうで、そのような経験によって魚好きの素地が作られていったのかもしれません。

進化する錦鯉とその飼育

　実際に自分で錦鯉を飼い始めてみると、魚、システムの進化に驚いたそうで、特に錦鯉の模様は「きれいでダイナミックになった」と言います。後藤さんは一時、魚の飼育からは遠ざかっていた時期があったそうですが、その分、「過去」と「現在」の差が見て取れたのでしょう。

　また、お話を聞いていて印象に残っているのが、後藤さんのお父さんが錦鯉を飼育していた頃に聞いたという「当歳買うバカ、売るアホウ」という言葉。当時はろ過・保温設備がそれほど発達していなかったので、当歳を購入しても満足に育成できないという状況を揶揄したものですが、当歳の売買が当たり前に行なわれている現在とのギャップを感じます。

「父が当歳好きで、鯉屋さんに頼み込んで買っていたのを覚えていますよ（笑）」

ろ過槽 ろ材にはビニロック（青いネット状のもの）とナイロンロックを使用。これらは生物ろ過の役割を果たすため極力いじらず、春と秋の年に２回洗う程度。ネットに入れられているのはカキ殻

メイン池のろ過システム

ろ過設備は池の裏側に。60匹もの錦鯉を状態良く、また透明感のある水を維持できているのは、十分なろ過と、まめなメンテによるところが大きい

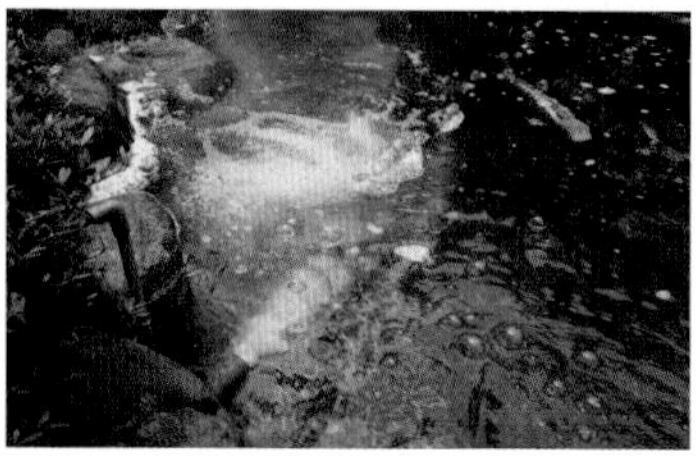

ジェットノズル これと噴水により、水中の溶存酸素量を増やしている

殺菌灯 ろ過槽から池に戻る水路の途中に照射。設置前は夏場など、水が真っ青になっていたそうだが、これにより抜群に透明度が上がった

沈殿槽 枯れ葉などの大きなゴミを取り除くプレフィルターの役目を果たす。ろ材にはヘチマロンとナイロンロックを使用し、1ヵ月おきとまめに洗っている

このお父さんの当歳好きは、後藤さんにも影響を与えているようで、購入する鯉は当歳から2歳くらいまでの個体が多いそうです。その理由はやはり、「育てる楽しみがある」ということ。「本当は仔を採って育ててみたいけど、さすがに大変だから」と笑います。

成長の楽しみな若鯉たち

将来性を感じさせる美しい魚たちが集められた育成池。一匹一匹が粒揃いで、いつの日かメインの池で泳ぐ姿が楽しみになる

錦鯉と植物が創る癒しの空間

このように現在の充実したろ過システムの中で育てられた錦鯉たちはどれも調子が良く、池のそばに立てば元気に寄ってきて水をかけられそうになるほど。また、後藤さんのお気に入りである紅白が多めに泳いでいることから、実に華やかな池となっています。ビルという無機質なものに囲まれた中で見る、その紅の発色はより一層生命感にあふれたものに感じられ、周りの植物のグリーンも目に優しく映るのです。

「私の目の黒いうちはこの池を維持していきますよ」

と、力強く答えてくれた後藤さん。いつまでもこの池が都会のオアシスのような空間であり続けることを期待しています。

（取材は5月）

育成池の大きさは360×120×50（H）cm。温度変化に弱い当歳のために、ボイラーによる加温設備を備えている

愛好家宅訪問

池編

選び抜いた当歳魚を成魚と混泳させながら仕上げる

東京都／山口慎一さん

Thanks／錦鯉かのう

山口さんは墨を持った品種、特に大正三色が好み。「まるで漆を塗ったかのように、深みがあって…、こういう黒い模様を持った魚って、あまりいないですよね」

まるで親子と思わせられるような（?）サイズ差のある魚を混泳させているのが山口さんの池の特徴

混泳させても大丈夫!?

山口さんが所有しているのは幅3メートルの池。中を覗けば思わず「オッ」と声を上げてしまうような美しい模様を持った鯉の姿があります。さらに驚かされるのは、20センチにも満たない小さな鯉が、70センチを超えるようなサイズの鯉といっしょに泳いでいること。そう、当歳から成魚までを、1本の池で育成するのが山口さん流の錦鯉飼育術なのです。

移り変わる模様に魅せられて

山口さんが錦鯉に出会ったのは、20年ほど前。当時、飼育していた金魚の餌を買いに出かけた観賞魚店で見かけ、購入したのが始まりです。最初は金魚といっしょに小さなタタキ池に泳がせていたそうですが、興味の対象は次第に錦鯉に移っていきました。特に山口さんを夢中にさせたのは、成長過程における模様の変化だと言います。

「高い鯉が必ずしも良いということはなくて、〝そこそこ〟の鯉がものすごく良くなることもある。思っていた以上の魚に育ったときは、本当に嬉しいんです。もちろん、ガッカリすることもありますけどね（笑）」

そして、池は錦鯉専用のものとな

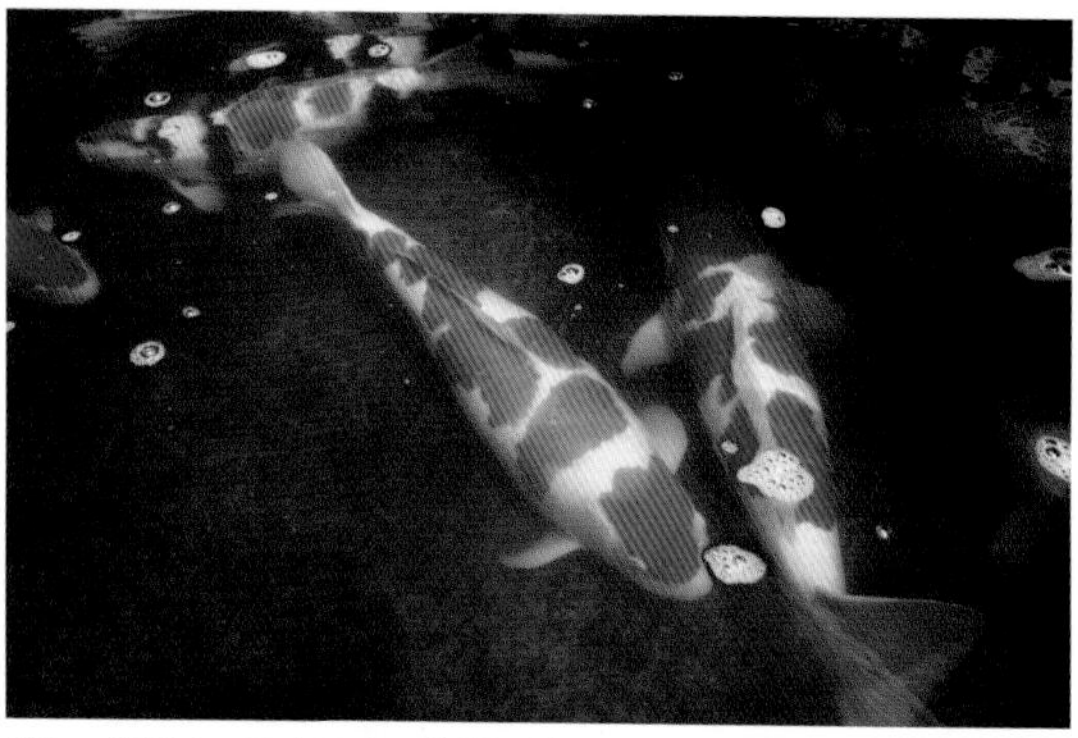

美しい模様と、迫力のある体型で魅せてくれる紅白。「紅白は値段で決まるなんて言われますが、それは一概には言い切れないんですよね。鯉は出世魚ですから」

いちばん気に入っているのが、この大正三色。緋盤の面積が広く、その発色も濃いので、池の中でもひと際目を引く個体だ。墨の位置もしっかり決まっている

紅輝黒竜（べにきこくりゅう）の名で購入した鯉。ドイツ鯉の体型をベースに金属光沢を持ち合わせており、艶のある色彩が池の中で良いスパイスになっていた

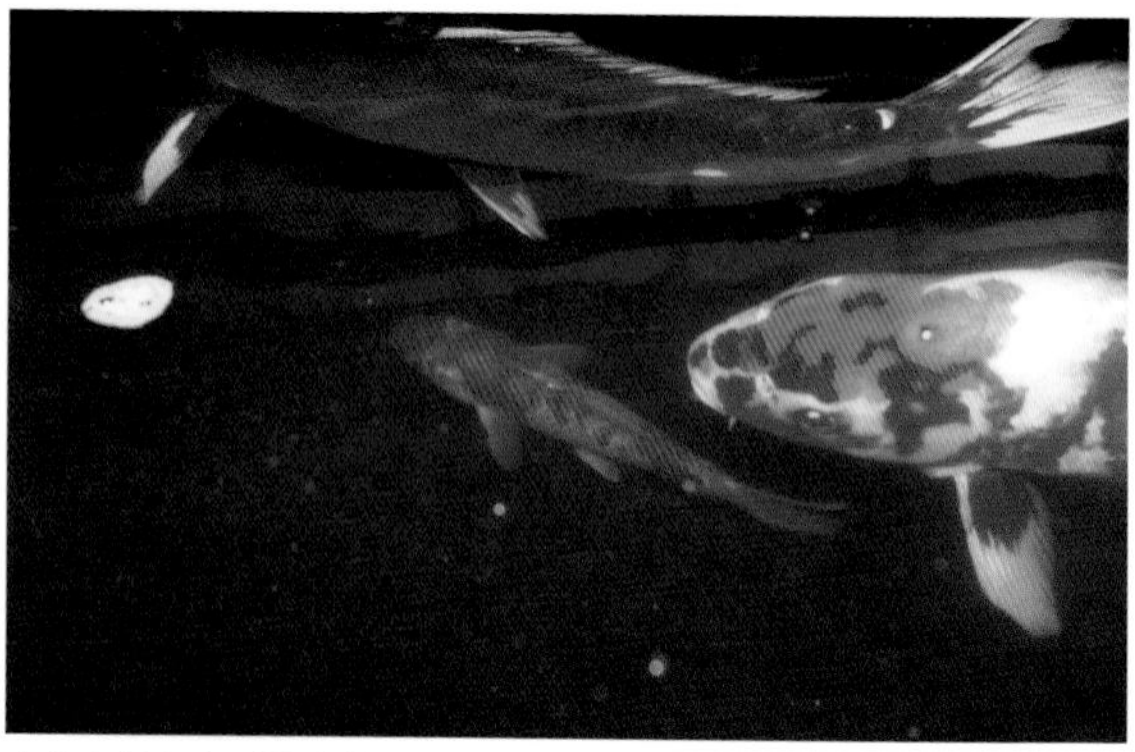

大きな鯉たちが泳ぐ中から、20cmほどのかわいらしいサイズの鯉がひょっこり姿を現す。昨秋に当歳として購入した五色で、当歳は雌雄に関わらず模様を重視して選んでいる

り、そのサイズも大型化していったのです。

当歳魚を成魚と混泳させている理由

さて、その模様の移り変わりを最大限に楽しもうと思ったら…、そう当歳魚を飼うことになります。山口さんが現在、池で飼育している個体もほとんどが当歳から育て上げたものです。しかし、体質的に弱い面のある当歳魚は、小さな池や水槽などで複数飼育することで落ち着かせ、競争心をあおりながら育成していくのが普通。ところが、

「気に入った鯉しか飼いたくない」

という山口さんは、購入した当歳魚を単独飼育するくらいならと、最初から成魚の泳ぐ池に入れてしまっています。これが、大小様々なサイズの鯉たちが混泳している理由です。もちろん、隠れ家を入れるなど配慮はしていますが、これは当歳魚の状態を見極め、その時々で的確な対処のできるベテランならではの飼育方法といえるでしょう。

日々、工夫を凝らしながら…

では、入手した鯉をいかに仕上げるか、ここにも山口さんのこだわりが光ります。特に驚いたのは、ろ材を毎

FRP製の池のサイズは300×150×40（D）cm。屋上に設置すること、重さを考慮して水深はやや浅めに設計されている。「池は小さいけれど、メンテをまめにできるのが逆にメリットなんです」

小さな当歳魚のために、塩ビパイプを沈めて隠れ家とすることもある。ただし、「あまりおすすめはしません（笑）」とのこと

日光による水温上昇と皮膚病の予防のため、普段から池には波板を置き、ヨシズをかけている。屋上という場所柄、カラビナやゴムバンドで固定するなど強風対策は万全

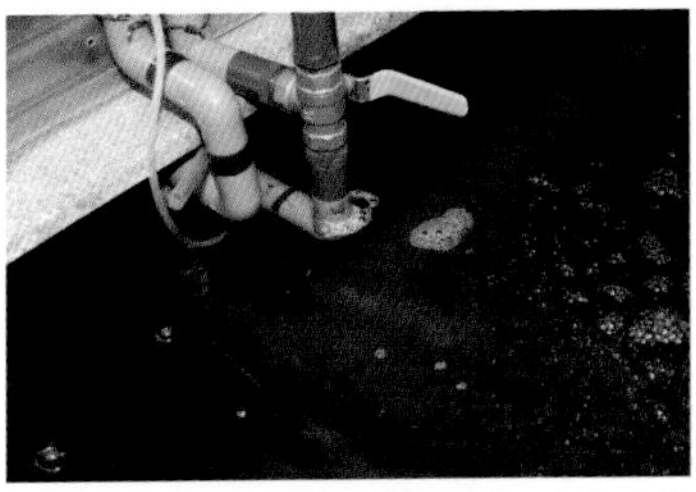

ジェットは、鯉が身体を傷つけないように市販品より排出部のパイプを短く設計・自作した

ろ過槽の大きさは120×60×60cm。水は写真左のろ材ビニロックから右のナイロンロックを通って池に戻る。また常に新水を足して少量が入れ替わるようになっている

パイプを外して、ろ過槽内の水を抜く（洗浄するろ過槽は状況に応じて変える）

普段は池に水を送っているホース（簡単に取り外すことができる）を使い、ろ材を洗浄。あとはパイプを戻せば、徐々に水位も戻るという仕組み。作業時間も短く、これなら無理なくこなせそう

日洗っているということ。

「熱帯魚でもろ材を洗うと、活性・代謝が上がりますよね？　そんな状態を再現しようというわけなんです」

夏場などは日に3～4回も餌を与えていることも手伝って、当歳の鯉たちは急激に大きくなるそうです。もちろん、洗浄には池の水を使っているので、水質に極端な変化を与えることはありません。

また、ジェットを設置し、水流を作って泳がせることで肥満予防にも役立てています。さらに、このジェット（水流）の向きを定期的に変えることで、魚体が曲がらず真っすぐに育つのだとか。

以前は、自分で鉄骨を組んで池を作ったこともあるそうで、とにかく工夫をしながら錦鯉の飼育を楽しんでいる様子が強く伝わってきます。選び抜いた当歳魚を、試行錯誤しながら飼い込んでいく…、錦鯉飼育の原点ともいえるスタイルを貫く山口さんの、

「また新しい鯉との出会いがあればいいと思うんです」

という言葉は、この趣味の面白さ、奥の深さを象徴しているように感じられました。

（取材は7月）

錦鯉品種紹介

横見編

YOKOMI

基本的に錦鯉は、池、すなわち上見での観賞性を考慮して、改良されてきました。しかし、その美しさは水槽の中でも損なわれることはありません。ガラス越しに眺めてみると、錦鯉の模様・色彩はまた新たな魅力を発揮し、楽しませてくれるのです

片目のみにかかる頭部の緋盤が、個性的で、愛嬌のある表情を作っていた

紅白

Kouhaku

たった2色で織り成す模様の優雅さ、奥深さは上見と同様ですが、特に水槽では緋盤が腹側までかかるものを選ぶと見映えがするでしょう。また、頭部の紅の入り方次第で顔つきも変わるので、表情にもこだわってみては。

上写真の個体を左側面から。模様を一面でとらえる上見とは異なり、様々な角度から楽しめるのが横見の魅力。この個体は立派な体格に、大柄な緋盤が乗ってインパクトは十分！（50Z）

銀鱗紅白

Ginrin kouhaku

銀鱗品種では、写真のような白地の多い個体も輝きが強調され、目を引く存在となる。もちろん、緋盤もオレンジ色にきらめき、美しい（50Z）

丹頂紅白

Tancho kouhaku

シンプルな模様は、混泳水槽においてもよいアクセントになる

パール銀鱗紅白

Pearl ginrin kouhaku

ウロコの中心部が真珠の粒のように光るものをパール銀鱗と呼ぶ。この輝きは緋盤の上でも目立ち、ライン状に並んだ光の粒が体表をお洒落にドレスアップする

体側に大きく入った墨から力強い印象を受ける。しかし、決して重苦しい雰囲気にならないのは、墨を挟み込むように現れた緋盤と、その明るい発色のおかげかもしれない

昭和三色

Showa sanshoku

筆で書きなぐったかのような力強い墨模様の迫力は、水槽飼育においても失われることはありません。墨の出方により、体の左右で全く異なる表情を見せる個体もいます。

上個体の左側面。背から腹へ、腹から背へと、飛び跳ねるような墨の軌跡が爽快。紅の入り方も大胆で、右側面とは異なるタッチで、しかし、どちらも華やかな絵が描かれている

これぞ大正三色！　といったような、最小限の墨と緋盤で表現された個体。決して物足りなさは感じさせず、美しい白地と共に見事なまでに完成された模様だ（50Z）

大正三色

Taisho sanshoku

墨をポタポタと垂らしたような模様が特徴。昭和三色に比べると控えめながらも、繊細かつ粋な、たしかな美しさを水槽の中でも堪能できるでしょう。

緋盤の隙間を埋めるようなツボ墨を持ち、横見はもちろん、上見でも美しい模様が描かれているのではないだろうか。鯉選びの楽しさを教えてくれるような個体だ（50Z）

右側面。顔の周りが白く抜けて、とてもかわいらしい表情

白写り

Shiroutsuri

上見では体の左右に揺れながら軌跡を描く写り墨は、横見では縞模様のように見えます。シックな配色は、色柄のある品種と混泳させると互いの存在を引き立て合ってくれるでしょう。

まるでパンダのような、シマウマのような？　顔全体を覆う墨、黒く染まるヒレなど、見所はたくさん！　特に、腹の下側まで巻く墨を持つ個体は水槽での観賞価値が高い

銀鱗白写り

Ginrin shiroutsuri

輝く銀鱗は、白地はもちろん、墨もまた異なる味わいを見せてくれる。丸いスポット模様がバランス良く並んだ個体だ（50Z）

緋写り

Hiutsuri

バンド状の墨が何本も入った見事な個体。地色の紅も明るく鮮やかな発色を見せ、まるで体中で炎が燃え盛っているかのようだ（50Z）

秋翠

Shusui

背に並ぶ黒いウロコ、体側に引かれた紅、白地により、横見では3色のストライプが楽しめます。ドイツ鯉であるため発色もクリアで、水槽の中でも目を引く存在になるのは間違いありません。

口先まで伸びた紅や腹側の赤いラインは水槽でこそ楽しめるものだ

紅九紋竜

Benikumonryu

九紋竜に緋盤が乗ったもの。一転して、ポップでかわいらしい表現となっている

九紋竜

Kumonryu

本品種の特徴である墨は、成長と共に変化していきます。水槽は、その白地の上を竜（墨）が舞う姿を楽しむにはうってつけの舞台となるでしょう。

網目状に墨が現れ、白い窓が開いているのが面白い

五色

Goshiki

五色は模様の自由度が高い分、横見向きの緋盤を持つ個体に出会う確率も高いと言えます。じっくり探して飼い込めば、成長につれて黒く染まる地肌、目の覚めるような赤色の緋盤を見られるはず。それは飼育者だけの特権です。

黒地の上で不規則に並ぶ緋盤が、闇夜に浮かび上がった鬼火のようでとても格好いい

銀鱗五色

Ginrin goshiki

銀鱗となることで、地肌の光沢感が強調された。この個体の緋盤は小さく数も少ないが、メタリックレッドに輝き、強い存在感を放っている

孔雀
Kujaku

五色の光り物であるため、個性的な形の緋盤、横見向きの緋盤を持つ個体が多く存在するのは本品種も同様。さらに光沢感を増した地肌が、水槽を明るく演出してくれるでしょう。

プラチナのように輝く白地を持ち、緋盤とのコントラストが強烈。背側のウロコに乗った墨は、成長につれて腹側にも下りてくるだろう

丹頂孔雀
Tancho kujaku

ウロコの１枚１枚に墨が乗ることで、白地、そして、丹頂の発色が引き立てられている

なんと体の真ん中にドーナツ状に穴が開いた緋盤が！こんな模様を楽しめるのは、水槽ならでは（50Z）

ドイツ別甲

Doitsu bekko

まるでホルスタイン牛のよう？　透ける
ような白い肌には墨がバランス良く散り
ばめられ、抜群の美しさ！（50Z）

ドイツ鯉

Doitsu goi

ウロコを持たない、または少ないド
イツ鯉は各品種に存在します。どれ
も発色が濃く、模様のキワも明確に
表現されるので、水槽に泳がせれば
より一層美しく感じられるはず。

ドイツ昭和三色

Doitsu showa sanshoku

体の大部分に墨が乗り、ウロコがあれば荒々しい
姿であったと想像されるが、それが優しげな表情
に見えるのはドイツ鯉ならでは（50Z）

ドイツ孔雀

Doitsu kujaku

地肌のメタリックシルバーの発色はドイツ鯉となることでより強調され、スタイリッシュな印象に。背中のブルーグレーも味わい深い

ドイツ白写り

Doitsu shiroutsuri

この個体は所々にウロコが残っているのが特徴で、部分的に光沢が乗り、見た目にも面白い効果が生み出されている

九紋竜をオス親に、白写りをメス親に持つ個体。表現としては九紋竜になるが、白写りのように下墨が透けて見え、面白い姿になっている

アルビノ

albino

体やその一部からメラニン色素（黒い色素）が失われる、または生成できなくなる変異で、眼が赤く（血液を反映した色）変化するのが大きな特徴です。流通量は決して多くありませんが、自分だけの特別な水槽を作ろうと思ったら、探す価値は十分あります。

アルビノは様々な観賞魚で知られるが、体表全体から黒い色素が消えてしまうことが多い。写真のように体に墨を残すのは、錦鯉ならではの表現といえる

アルビノ透明鱗紅白

Albino toumeirin kouhaku

ウロコから光沢が抜け、独特の質感、色彩を現すのが透明鱗という形質（この個体は、一部に普通鱗も混じっている）。白地は桜の花びらのような薄ピンクに染まり、大変美しい

アルビノ丹頂

Albino tancho

背中の緋盤には目をつむって、あえて丹頂と言い切ってしまおう！頭部、そして、２つの眼から成る３つの日の丸模様はインパクト十分！

ヒレナガニシキゴイ

Hirenaga nishikigoi

各ヒレとヒゲが伸長したもので、その泳ぐ姿は非常に優雅です。上皇陛下のご提言により、埼玉水産試験場（現、埼玉水産研究所）がインドネシア原産のヒレナガゴイと日本の錦鯉の交配によって作出しました。

ヒレナガニシキゴイの作出は 1977 年に着手され、1982 年に誕生。現在では日本の各地で、写真のような様々な体色・模様のバラエティが生産されている

ヒレナガドイツ白写り

Hirenaga doitsu shiroutsuri

水墨画の世界から抜け出してきたような色合いで、風格のある個体。現在、ヒレナガニシキゴイは各品種ごとに生産されているが、特徴をしっかり表現した個体はまだ少ないという

ヒレナガ紅白

Hirenaga kouhaku

伸長したヒレをたなびかせ泳ぐ姿は、水の流れを感じさせ、とても爽やか。また、ヒレには紅が乗る個体もあり、より水槽映えするのは言うまでもない

無地

Muji

ここでは、単色の品種を集めてみました。色柄を持つ品種たちが泳ぐ中に混ぜると、良いアクセントになるのは池と同様です。

ヒレナガ黄金

Hirenaga ougon

昨今普及したLEDライトの下で飼育すれば、金色の体色はより魅力的に見えるはず。このヒレナガ個体はポーズも決めてくれた

アルビノプラチナ黄金

Albino platinum ougon

プラチナの輝きは単体でも美しいし、柄物の引き立て役としても活躍する。写真は眼の赤いアルビノで、神々しさすら感じさせる

銀鱗からし鯉

Ginrin karashigoi

からし鯉は、黄金とはまた異なる味わい深い山吹色を見せる品種。大きく成長しやすく、人にも慣れやすいので水槽飼育にも最適だ

紅鯉

Benigoi

オレンジ色の体を持った最もポピュラーな品種の一つ。餌や照明を工夫しながら、鮮やかな発色を引き出したい

空鯉

Soragoi

「空」は青みを含んだシルバーの発色に由来。玄人受けするような渋い色彩だが、各品種が泳ぐ水槽に混ぜると、意外なほど目立つはず

ドイツ茶鯉

Doitsu tyagoi

明るいチョコレート色の体が特徴の茶鯉。この個体は各ヒレが茶色に染まり、上品な印象だ。ヒレの色彩まで楽しめるのも水槽ならでは

落ち葉しぐれ

Ochiba shigure

グレー地に茶色の模様の組み合わせは一見地味だが、混泳の組み合わせ次第でよく映える。この個体は肩口のハートマークもチャームポイント

変わり鯉

Kawarigoi

池と同じ感覚で、水槽にも錦鯉で“絵”を描こうと思ったら、流通量の少ない品種や珍しい一品鯉は貴重な絵の具として活躍してくれるでしょう。

銀鱗落ち葉しぐれ

Ginrin ochiba shigure

銀鱗となることで茶色の模様は独特の輝きを放ち、より味わい深い姿に。この個体は小斑が体中に散りばめられ、落ち葉が風に舞うかのよう

禿白

Hagejiro

体を漆黒のウロコに覆われた烏鯉（からすごい）の中でも、頭部が白く抜けたものをこの名で呼ぶ。白写りとは異なる配色、墨質で見た目のインパクトも強い

黄白

kijiro

そのポップな色合いは、水槽の中でより一層鮮やかに見える。混泳の組み合わせ次第で、錦鯉の和のイメージを一新するような水景が作れそうだ（50Z）

白いキャンバスに描かれた黒いラインと、そこから滴り流れる赤いインクの組み合わせは、まるでアート作品。ドイツ鯉ならではの表現だ（50Z）

ウロコを持たず、背腹を黒白に染め分けた姿はシャチのよう？　眼の虹彩が赤く染まっているのも、その個性を強調している（50Z）

錦鯉の飼い方　水槽編

「錦鯉を水槽で飼える」と聞くと驚かれるかもしれません。しかし、錦鯉は長年改良されてきた魚ということもあり、育成環境や方法を工夫することである程度サイズの調整が可能となるのです。カタログページで紹介したように横見がきれいな魚はたくさんいますから、これを楽しまない手はありませんね。なお、「飼い方 池編」も参考にすることで、錦鯉たちがより心地よく生活できる水槽を作れるでしょう

水槽飼育に必要な器具

外部式フィルター

ろ過槽を水槽外部に設けることで、水槽周りをスッキリと見せられる

ろ過槽内に呼び込まれた水は、ろ材の中を一方通行（機種により異なる）で流れていくために高いろ過能力を期待できる

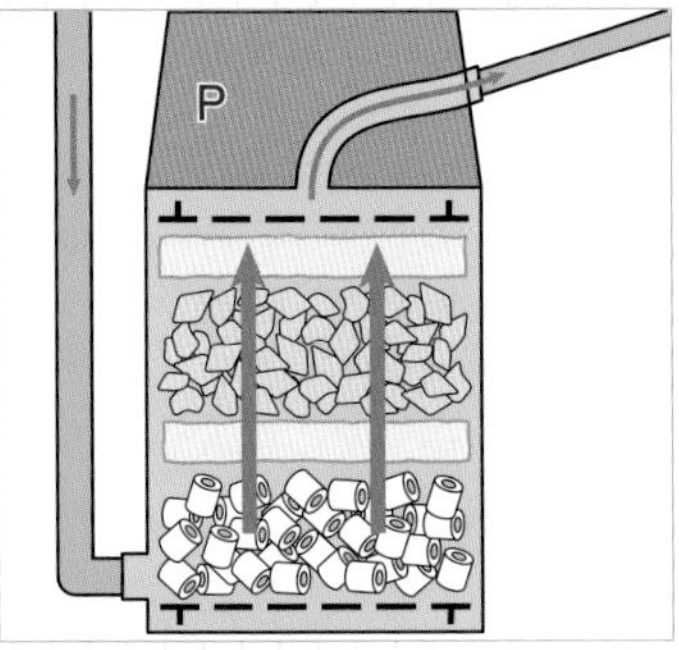

上部式フィルター

設置、メンテナンスが容易で、ろ過能力にも優れたフィルター。水槽セットなどにあらかじめ含まれていることも多い

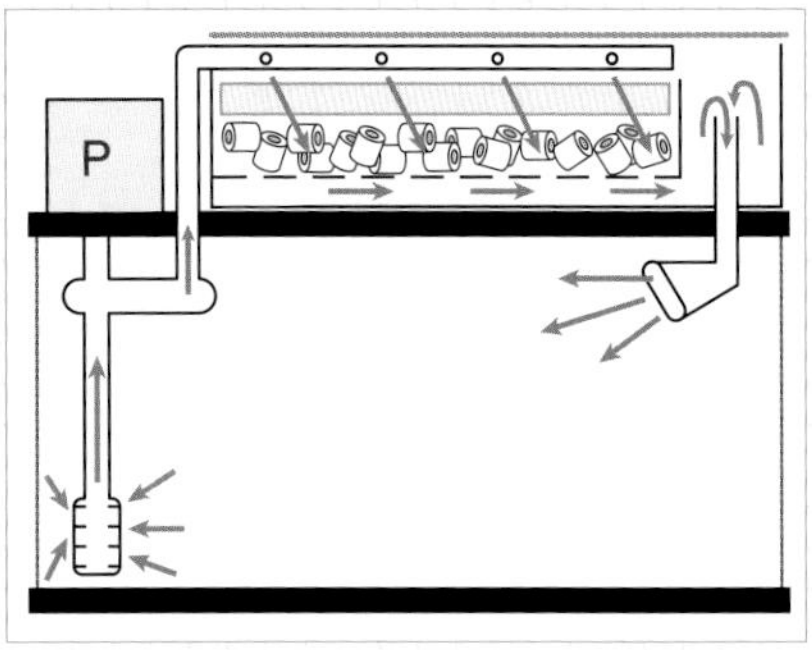

ポンプで汲み上げられた水は、水槽の上に置かれたろ過槽を通過後、また水槽へと戻る

オーバーフロー式ろ過

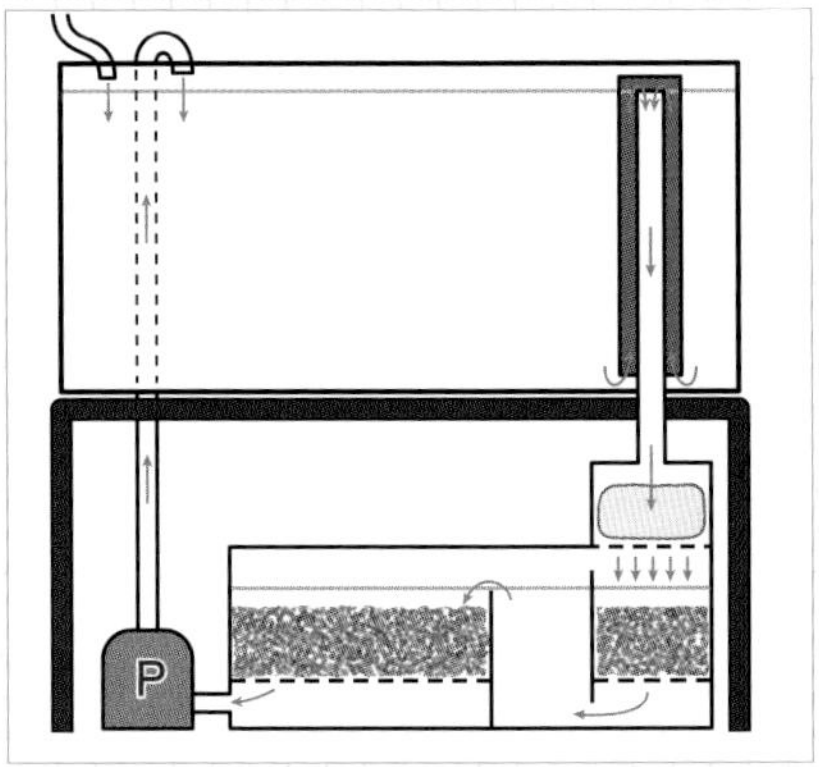

大型水槽に適したシステム。水槽に穴を空けてパイプを取り付け、その下部へと置いたろ過槽に水を落とした後で、ろ水を水槽へと戻す。排水はろ過槽下部に設けたドレインパイプから行なう

飼育に必要なもの

水槽 —サイズと収容匹数の目安—

用意する水槽のサイズはできれば90センチ以上、奥行き、高さも最低45センチ以上はほしいところです。

水槽飼育のポイントとなるのは、飼育する鯉を極端に大きく、速く成長させないことです。そのためには、水槽に収容する魚の数、すなわち飼育密度を調整することが欠かせません。基本として、飼育密度が低いと鯉は速く成長し、飼育密度が高いと成長速度はゆるやかになるということを覚えておきましょう。最初はいろいろな種類を飼いたいというのが心情で、数が多くなりがちですが、あまりに多く収容すると水の汚れる周期が早まり、維持が難しくなってしまいます。

そこで、初めて鯉を水槽で飼われる方には、15センチほどの鯉で、水10リットル当たり1匹を泳がせることを目安としておすすめしたいと思います。これなら比較的安全に飼育できるでしょう。もちろん、購入する鯉のサイズが小さければ、もう少し多く収容できますし、大きければ少なくなります。

ろ過器（フィルター）

鯉は非常に水を汚す魚です。ろ過器にはそのろ過槽の容量に応じて処理できる水量の目安、適合水量が定められていますが、設置する水槽に対応するものよりワンランク上のものを選ぶか、複数付けることをおすすめします。

ろ材はウールとセラミックリングの組み合わせが一般的です。さらに、pHの低下を防ぐために観賞魚用のカキ殻（シェルフィルター／タカラ工業など）を入れておくとよいでしょう。

水槽飼育に必要な器具

照明

錦鯉を美しく演出するためには必須。タイマーを利用し、毎日規則的に点灯することで生活のリズムも作り出せる

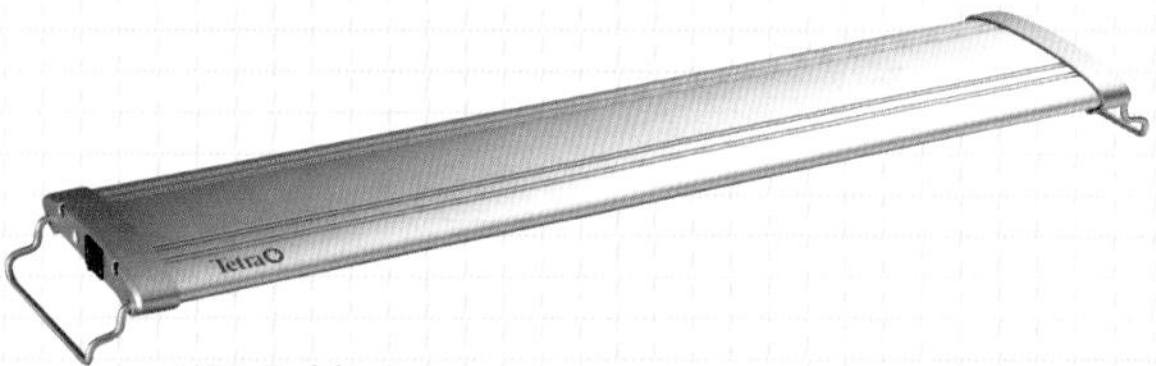

LEDライト
消費電力も低く、経済的。また水中に波紋を演出できる

水槽

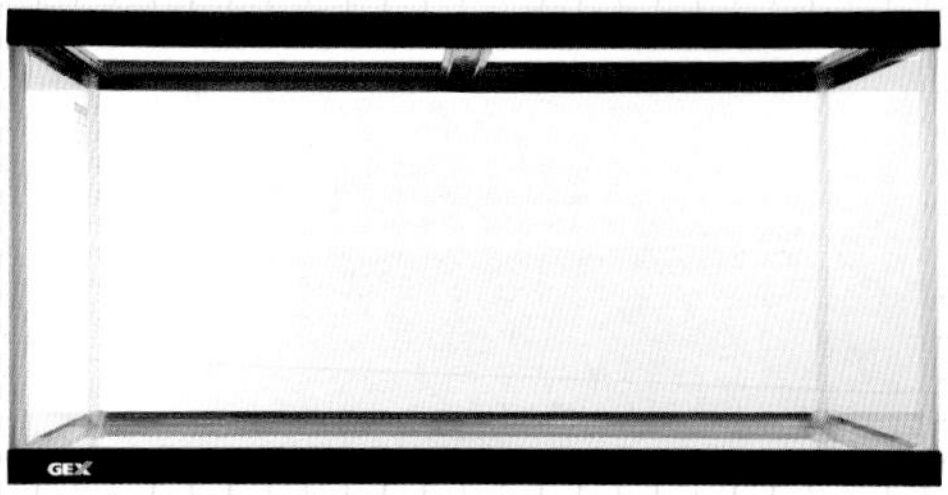

ガラス製のものが一般的。120cm以上の大型水槽ではアクリル製のものも多く、オーバーフロー加工もしやすい

底床クリーナー

底砂にはフンや食べ残しなどの汚れが蓄積するので、換水時にクリーナーを利用して水と共に排出するといい

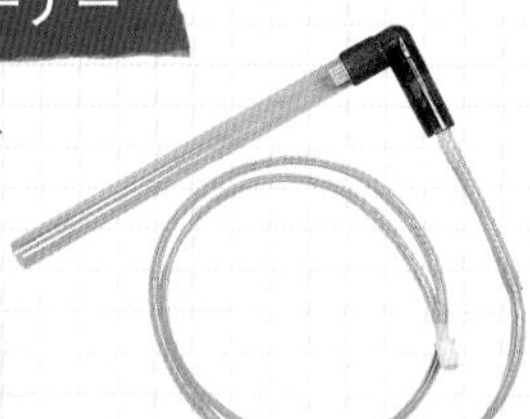

水は透明でも砂の中に汚れは溜まっているもの

底砂

水槽底面のガラスの反射を抑え、鯉を落ち着かせる効果もある。どちらの砂も水質には大きな影響を与えない

大磯砂
暗色の海砂。水槽が締まって見える

硅砂
水槽に明るい雰囲気を演出できる

照明

水温の上昇や大量のコケの発生を避けるため、水槽は日光の当たらない場所に置くのが基本です。しかし、錦鯉、特に紅白などの緋盤を持つ品種においては太陽光が水槽の一部にでも当たった方がよい発色を期待できます。太陽光の当たらないところで半年以上飼育すると、どんなに色揚げ用の餌を与えていたとしても、紅の色がオレンジ色になってしまうのです。

そこで、レースのカーテン越しでもかまわないので午前中に1～3時間、陽が差し込むような場所に置ければベストです。もちろん、1日中陽が当たるような場所は適しません。どうしても良い設置場所がない場合は太陽光に近い波長のランプを付けている方もおり、自然光には及ばないものの効果はあるようです。

ヒーター

錦鯉は観賞魚の中では比較的丈夫な魚です。室内で飼うのであれば基本的に保温は必要ありません。しかし、それでも1日のうちに5℃以上の水温変化があったり、水温が10℃以下になるような環境はあまり好ましくありません。特に冬場などはヒーターを設置して水温を一定に保つことは有益で、飼育が楽になります。

また、15センチ未満の当歳魚に限っては体力がないため、ヒーターを入れて20～22℃を保ち、餌を1日2回は与えないとやせてしまうことがあるので気をつけましょう。

底砂

水槽の底に大磯砂などの暗色系の砂利を敷くと、鯉は落ち着き、昭和や白写りなどの墨も安定します。しかし、必ずしも必要なものではなく、砂利の中にフンや餌の残りが堆積すると水質が悪化するので管理の面では敷かない方が楽といえます。砂利を敷く場合は、換水時に底床クリーナーを利用して水と共に汚れを吸い出すようにしましょう。

水槽に水草を入れるのはかまいませんが、鯉は雑食性のために結局はバラバラに食い散らかしてしまいます。また、石や流木などを入れると鯉が泳ぐ際にぶつかって傷つくことがあるので、あまりおすすめはしません。

その他に必要なもの

ろ過器に加えて必ずエアレーションは入れましょう。特に、春から秋にかけての水温が高くなる時期や、

水温計
水温のチェック
も欠かさずに！

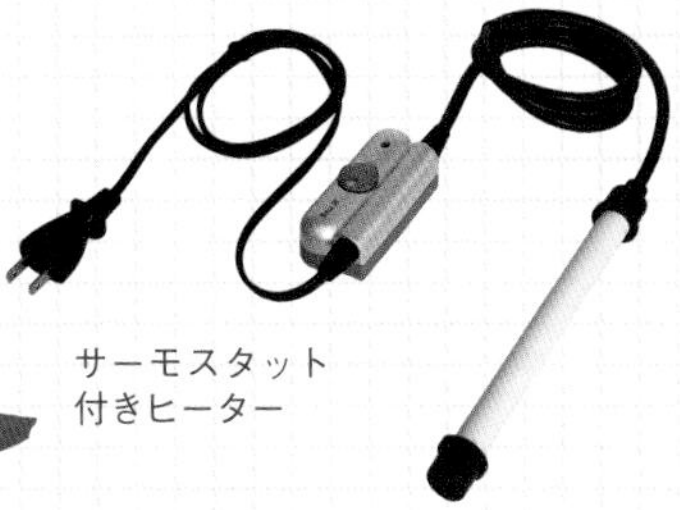

サーモスタット
付きヒーター

ヒーター

水槽の保温に使用。サーモスタットと併用することで、望む水温に調節できる。温度固定式のオートヒーターもある（どちらも水温を下げる働きはない）

エアポンプ

水中に酸素を補給する。夏場などの高水温時は水に溶け込める酸素の飽和量が下がるので欠かさず使用したい

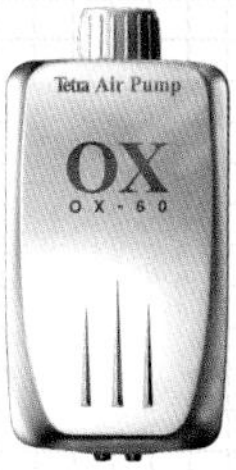

投げ込み式フィルター
エアリフトの働きにより機能し、酸素補給だけでなくろ過も期待できる

水質テスター

慣れないうちは、水の状態・汚れ具合を定期的に計測しておくと、飼育の感覚をよりつかみやすくなる

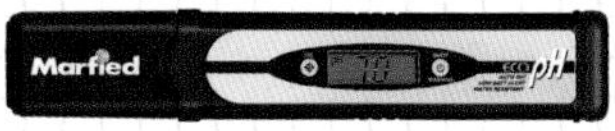

pH メーター
デジタル式で、すばやく正確に計測できる

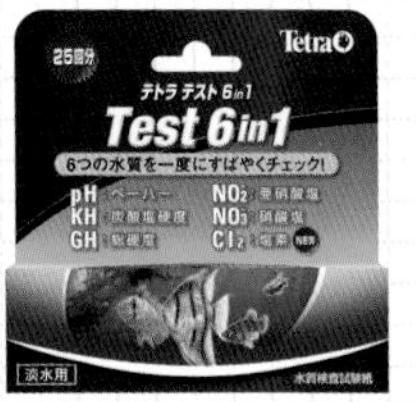

水質試験紙
飼育水に試験紙を浸すことで、水質を計測可能。複数の項目を測定できるものもある

ろ材

フィルターの中に入れて使用。大きなゴミを濾し取る「物理ろ過」、ゴミやフンを分解する「生物ろ過」の２つの役割を担う

リング状ろ材
生物ろ過を行なう

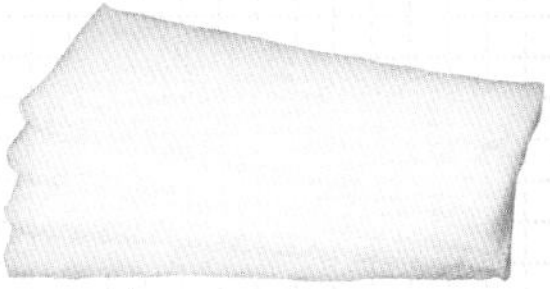

ウールマット
物理ろ過を行なう

鯉を高密度で飼育している場合は必須です。

また、鯉は水槽から飛び出すことがよくあるので、フタも必需品です。水槽のフタの角、フランジ、上部式フィルターなどにぶつかって頭部や背中にケガを負ってしまうこともあるので、尖っている部分はラバーなどで覆うとよいでしょう。

■日々の管理について

餌

池飼育の場合と同様に市販の人工飼料でかまいません。ただし、夏と冬とでは飼育水温が変わるので、与える餌の内容も調整したいものです。低水温時（18℃以下）は消化の良い餌を中心にし、22℃を超えるようになったら色揚げ用の餌を混ぜて与えるとよいでしょう。使用するのは浮上性、沈下性のどちらでもかまいませんが、水面に上がってきて積極的に餌を食べる鯉と、消極的な性格の鯉がどうしてもいるので、浮上性、沈下性の餌を混ぜて与えるのもよいでしょう。

換水

飼育を続けていると、水槽の水は透明に見えていたとしても、鯉の排泄物や餌の食べ残しが蓄積されているので定期的に水を交換する必要が出てきます。

水換えの量、ペースは、飼育している鯉の数、サイズによって大きく異なります。例えば、水量に対して余裕を持ったろ過器を備えており、さらにカキ殻などのpHを調整するものが入っている場合、換水のサイクルは長くなり、その量も1/3を入れ換えるくらいで済みます。また、鯉も成長と共に餌を食べる量、排泄物の量も増えていくので、換水ペース、量を多くして対応します。

基本的には1〜2週間に一度、1/4〜1/3の換水を心がけていれば、問題は起こりにくいでしょう。換水ペースと量をつかむ目安としては、鯉の泳ぎ、餌食い、ろ過槽の汚れ具合などが使えますが、pHと亜硝酸濃度をテスターで測り、数値で判断することもおすすめです。

新しく追加する水には、水道水に塩素中和剤と粘膜保護剤を入れたものを使用します。

また、アクリル水槽などはオーバーノローの穴を水槽下部に開け、新水垂れ流し方式にすれば、水換えをしなくても済みます。このとき、新水は浄水器を通したものを使用すれば塩素などの心配をする必要もありません。

錦鯉のための水槽セッティング

実際に錦鯉を飼うための水槽のセット方法を、手順ごとに解説していきます

1 水槽を置く。水を入れるとかなりの重量になるので、専用の水槽台を使う

2 水洗いしてにごりを取り除いた砂利（大磯砂）を敷く。水の切れる専用スコップが使いやすい

3 砂利を平らにならす。あまり厚くすると汚れが溜まりやすくなるので、厚さは 1 ～ 2cm で十分だろう

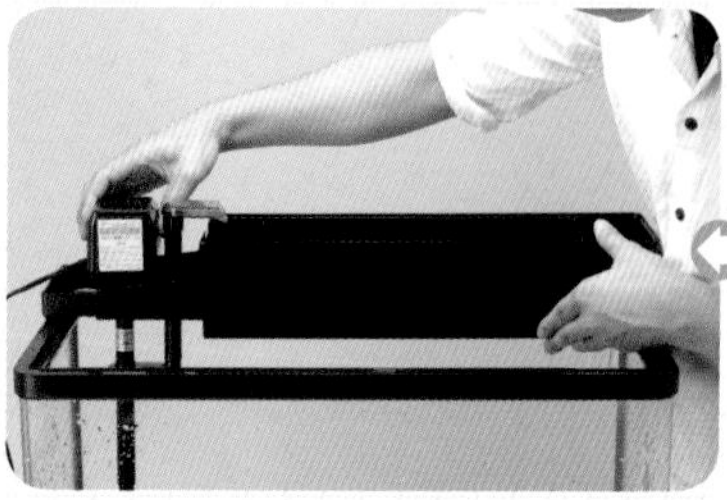

4 上部式フィルターをセットする

5 ろ過槽のいちばん下にリング状ろ材を敷き詰める。リング表面の細かな隙間にろ過バクテリアが定着し、生物ろ過が行なわれる

6 水槽用のカキ殻を入れると、鯉の好む水質を作りやすい。その効力の維持には、定期的な交換も大切

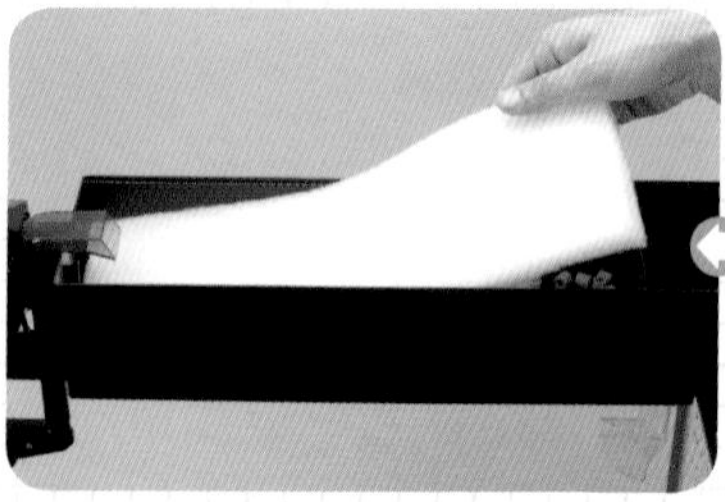

7 ろ過槽のいちばん上にウールマットを敷く。これが最初に水に触れる部分で、大きなゴミを濾し取る役割を果たす

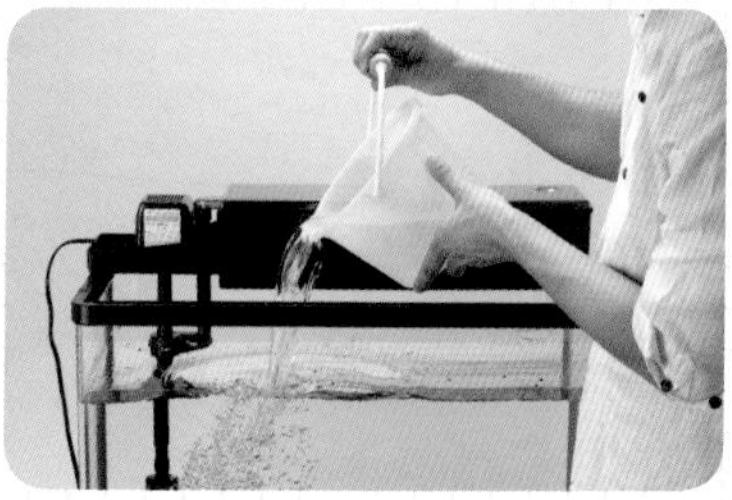

8 水を注ぐ。大きな水槽の場合は、ホースを利用すると楽

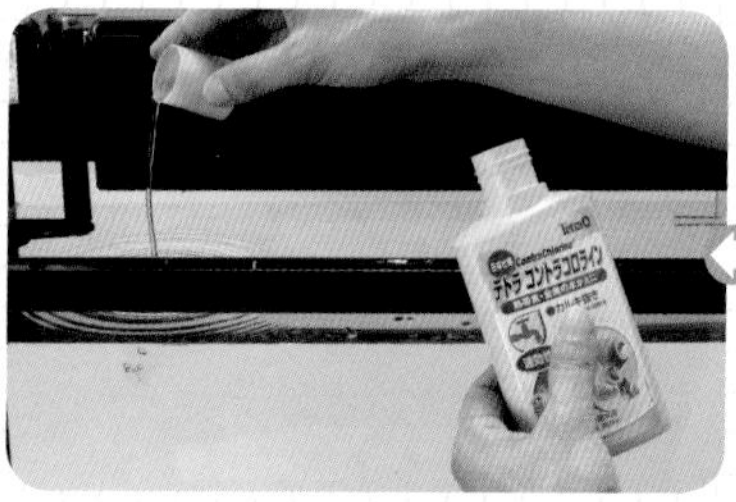

9 水道水中に含まれる塩素は魚のエラなどにダメージを与えるので、塩素中和剤（カルキ抜き）を規定量入れる

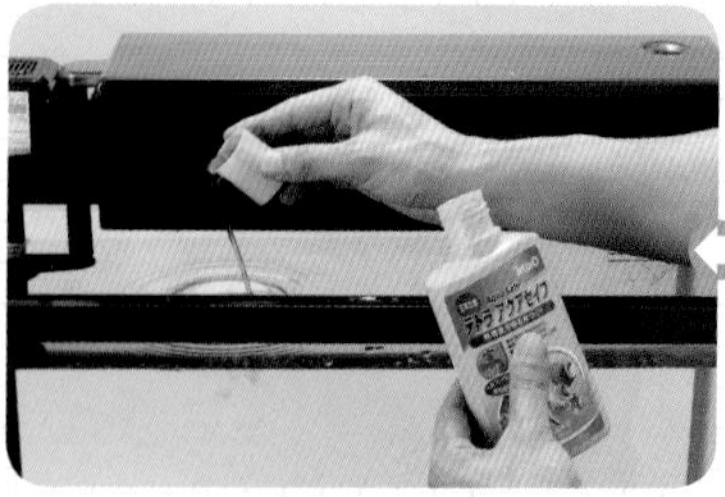

10 魚の表皮を守る粘膜保護剤も入れておけば、より安心できる

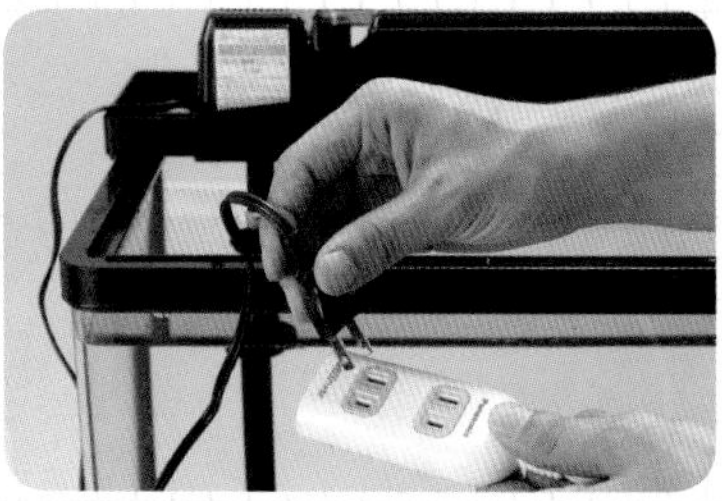

11 水を満たした状態でフィルターを作動させる。水が足りないと空回りを起こし、故障や火事の原因となるので、ストレーナーパイプの水位線より水面が上にあることを確認しておく

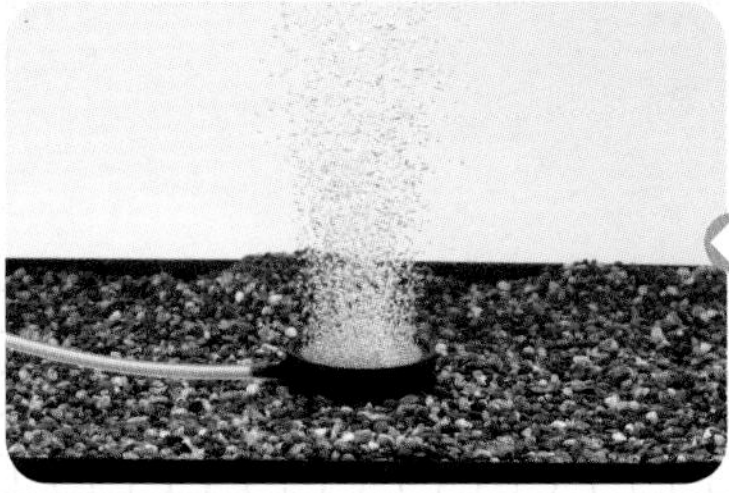

12 エアレーションを入れる。鯉は丈夫なのでさほど気にする必要はないが、このまま魚を入れずに水を数日間回し、ろ過バクテリアの発生を待った方が安心だ

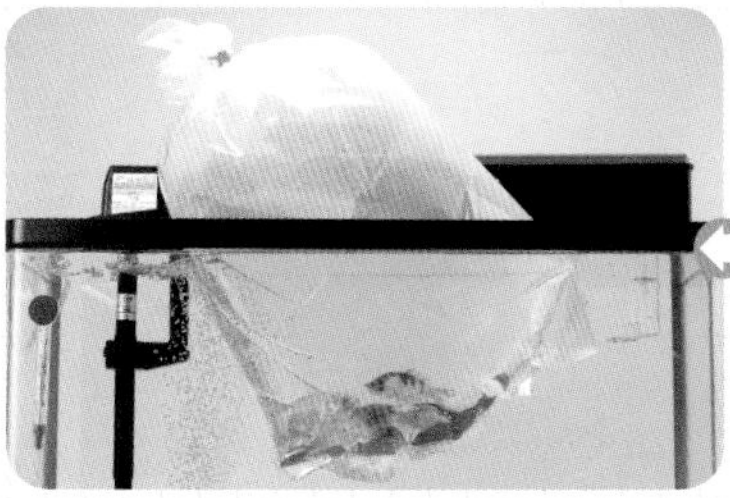

13 鯉を購入したらすぐに水槽には放さずに、まずは袋のまま 10 ～ 20 分浮かべて水温差をなくす

14 水温を合わせたら袋の水を少し捨ててから、水槽の水を入れてしばらく置く。これを「水合わせ」と呼び、数回繰り返すことで購入先の水質との差を減らすことができる

15 水合わせが終わったら、魚を放す

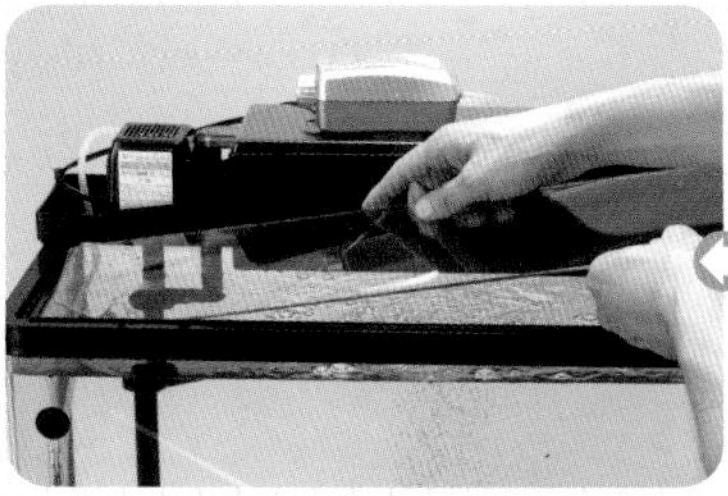

16 鯉は水槽からよく飛び出すので、忘れずにフタをする。照明を載せない場合は水を入れたペットボトルなどを重しとし、また、隙間がある場合はウールマットなどを詰めておくといい

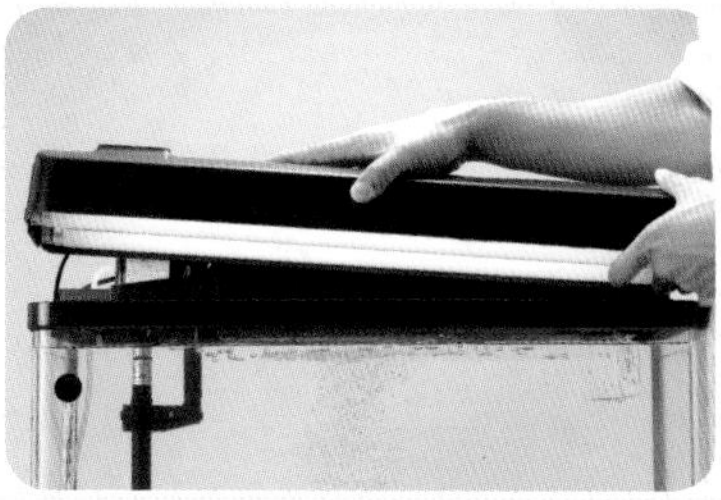

17 照明を載せる。照明の種類により鯉の見え方が変わるので、鯉がきれいに見えるものを探すといい

冬場であれば、ヒーター、サーモスタットもセットし、水温を20～22℃に設定する。サーモのセンサー部がしっかりと水中にあることも確認しよう（センサーがヒーターに内蔵された製品もある）

完成！ さっそくキレのいい泳ぎを見せてくれた錦鯉たち。
楽しい飼育のスタート！

御三家中心の
トラディショナルスタイル

紅白、昭和、大正三色の御三家を中心に、九紋竜、緋写り、茶鯉をアクセントに泳がせた飼育例。魚の組み合わせとしては、池でも見られる王道スタイルですが、底砂に真っ白な砂利を敷くことで、紅、黒、白という錦鯉の基本体色がより引き立てられています。特に白地は輝くようなツヤを見せ、黒バックの前で泳ぐ姿は、さながら闇夜に舞う雪を彷彿させます。

好みの品種を追求するのはもちろん、水槽全体のまとまりを考えながら魚を選ぶのも楽しい

錦鯉の泳ぐ水槽飼育例

錦鯉の世界においては、池に様々な品種を泳がせることによって１枚の絵を作る、という考え方がありますが、これは水槽についてもあてはまります。こだわりを持って選んだ錦鯉が泳ぐ水槽というのは、すばらしい水景を堪能できるものです

光り輝く水槽

前ページの水槽とは一転、品種の選択に偏りを持たせた例。プラチナ黄金、張り分け黄金、金輝黒竜など光り物を中心に泳がせています。砂は敷かず、底にも黒いシートを張ることで、鯉たちの姿が浮かび上がるようにも見え、どこか幻想的な水景となりました。

DATA

水槽：60 × 30 × 36（高）cm
ろ過：外部式フィルター
水温：23℃（無加温）
餌：人工飼料を１日２回
換水：３〜５日に１回１／２
底砂：テトラ ミニアクアサンド メダカ
（110 ページの水槽）

（110 〜 111 ページの水槽共通）

上部式フィルターのメンテナンス

水槽飼育において使いやすい上部式フィルター。ろ過能力を保つためのメンテナンス方法も紹介しましょう

ウールマット

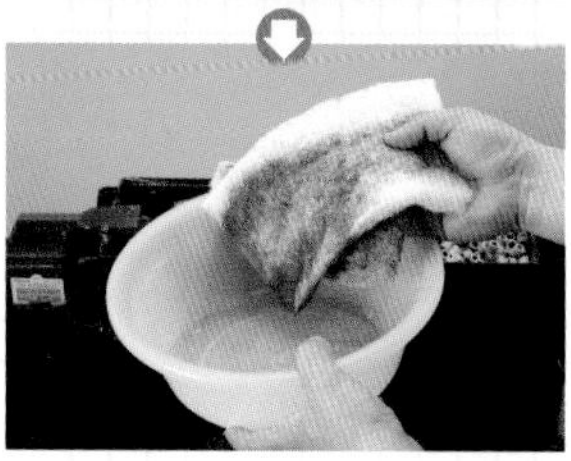

ウールマットは最も汚れが蓄積する部分なので、まめに洗浄・交換することで水質を良好に保てる。水が流れるトイも洗っておこう

リング状ろ材

バケツなどに取り出したら、水槽の水でざっとかき回しながら汚れを洗い流そう。なお、水道水に含まれる塩素はろ過バクテリアにダメージを与えるので、ろ材の洗浄には使ってはいけない

ポンプのインペラ

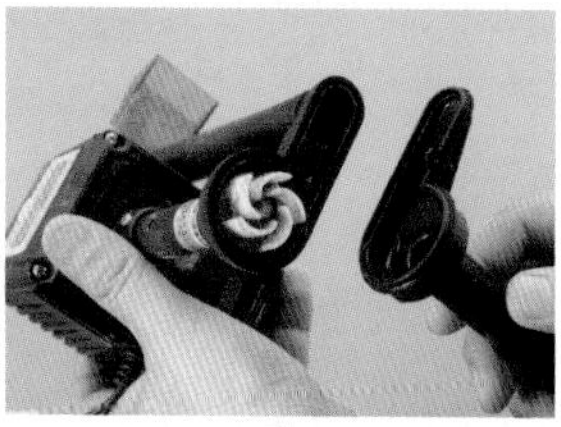

ポンプを長期間使用していると、インペラ部に髪の毛などのゴミが絡まり流量が落ちることがあるので、ときおり分解して取り除くといい

錦鯉愛好家宅訪問　水槽編

錦鯉を水槽で飼育するというスタイルはこれから発展していくであろうことが想像されます。これから紹介する4名の愛好家も、インテリアとして、上見と合わせて観賞する、熱帯魚と混泳させるなど、実に多様な楽しみ方をしていますから、ご自分で作りたい水槽のイメージもきっと豊かに膨らむことでしょう

愛好家宅訪問
横見編

お子さんの碧泉ちゃん（4才）といっしょに。家をリフォームする際、いつか水槽を置こうとリビングの床下を補強していたというから、今村さんの魚好き具合が伺える

「あれ、餌の時間かな？」。錦鯉の、この豊かな表情、ポーズがたまらなくかわいいのだとか

かわいくて、きれいで、光っていて…、錦鯉は女の子受けする魚なんですよ

埼玉県／今村晃子さん

Thanks ／ぷれしゃす

元々は熱帯魚マニア!?

錦鯉は水槽に泳がせてもいいものだなと、今村さん宅のリビングに置かれた水槽を見て素直に思いました。特注の木製台の上に置かれたオールガラス水槽、パーツ類の目立たない外部式フィルターによるセッティングは、部屋のインテリアとしても成立し、洗練された雰囲気すら漂っているほどです。そして、赤、白、金…各色を身にまとった錦鯉たちが白壁をバックに泳ぎまわる姿といったら、まるで生きた絵画のような美しさがあります。

では、なぜ錦鯉を選んだのでしょうか。この設備であれば、熱帯魚も十分に飼育できるし、その方が魚種の選択としては自然な流れのようにも思えます。聞けば、以前は水草レイアウトを作ったり、ドワーフシクリッドを繁殖させたりと、熱帯魚飼育を深く楽しんでいたといいます。そう今村さんは興味を持つと、一気にのめり込んでしまうタイプなのです。

しかし、結婚を機に屋内での熱帯魚飼育は中断し、お庭にある小さな池で錦鯉を飼うに留めていたのですが、今村さんの魚好きの遺伝子はお子さんの碧泉ちゃんにもしっかり引き継がれていた様子。錦鯉の世話を

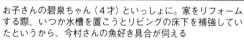

毎日の餌やりを担当している碧泉ちゃんは、プラチナや黄金などキラキラした品種が好み

飛び出し事故を経験しているので、フタは市販のものではなく、アクリル板をパイプに合わせてカットしたものを使用している

餌は、ショップオリジナルのものと、「咲ひかり」を魚がやせないように量を注意しながら与えている

メインの120 × 30 × 40（H）cm水槽には、金魚の玉サバを含め15匹ほどが泳ぐ。ろ過はエーハイム クラシックフィルターの2215、2217をセット。ストレーナーにはスポンジを接続し、掃除の手間を軽減、また、コイが驚いてぶつかった際のクッションとしている

してくれるようになったのです。ただ、興味を持ってくれるのは嬉しいのですが、池に落ちてしまっては危ないということで、2年ほど前から室内に水槽を設置し、錦鯉の飼育を始めたのでした。

錦鯉水槽飼育のポイント

では、錦鯉の水槽飼育について、今村さんが注意されているポイントをまとめてみましょう。

まず餌は、毎日朝1回与えるだけに留めています。量の目安は、

「最初は水面まで食べに来ていたものが、一度満足すると底に潜るようになるので、そこで止めるようにしています」

とのこと。この給餌方法で、10センチに満たないサイズで購入した紅白が2年かけて20センチ弱に成長しており（120センチ水槽で飼育）、それほど速く大きくなる印象はないと言います。

ろ過は以前、水草水槽に使用していた外部式フィルターを流用。錦鯉を飼育していちばん驚いたのは、フンの大きさだそうで、フィルターは1本の水槽に2基設置するなど、容量には余裕を持たせています。ろ材はリング状のものなどで、特別なものは使っていませんが、月に1度の洗浄は欠かせません。

紅白。直射日光の当たらない水槽飼育では紅が褪めやすいとも言われるが、見事な発色。特に色揚げは意識していないそうで、日頃の管理の賜物だろうか

昭和三色は「悪人顔がイヤ（笑）」だったが、黒の色彩が入ることで水槽が締まって見えるようになったという。後ろの銀鱗紅白は碧泉ちゃんお気に入りの「口紅ちゃん」

玄関に置かれた90cmらんちゅう水槽を泳ぐのは、元々池で泳いでいた錦鯉。飛び出し防止用に水の入ったペットボトルを載せ重石としている

この２匹はすでに５～６年飼育しており、サイズは 20cm ほど。大正三色の紅と、浅黄の青の対比も味わい深い

熱帯魚から水槽を奪取（？）したのは、パール銀鱗たち。LED 球のような美しい輝きには、心を奪われてしまう気持ちもよくわかる

こちらはセットしたばかりという 60cm レギュラー水槽。当初は熱帯魚を飼う予定だったはずが、やっぱり!?

「慣れてしまえば、そんなに大変ではないですよ。何よりコイ＝におうというイメージがあるので、気をつけています」

　水は週に一度、約半分を換えており、コケひとつ見当たらないガラス面と、その水の透明度には驚かされます。日頃からていねいなメンテナンスをされているのでしょう。

　また、面白いところでは、錦鯉と同じ新潟県生まれの金魚、玉サバが混泳していました。両者ともトラブルなく飼育できるそうです。

錦鯉女子受け説!?

　では、今村さんは錦鯉のどんな点に魅力を感じているのでしょうか。

「熱帯魚は美しいし、馴れるんですけれど、どこかクールな感じで。錦鯉は雅というか、愛嬌もあって…。かわいいもの、きれいなもの、光るものは女の子が好きなんですよね！」

　実際、錦鯉は今村さんのお友達にも評判が良いようで、碧泉ちゃんの反応を見ていても納得。これだけ、きれいな水槽であれば部屋に置いてみたいという女性の方も多いかもしれませんね。かわいい錦鯉たちと、水槽越しのコミュニケーションを取ってみてはいかがでしょう？

（取材は5月）

（上）ひと目見て気に入ったというこの白写りは、以前、地区大会で新人賞に輝いたことも。均等に入った墨模様は腹まで巻いていて、実に水槽映えする。（下）上の白写りの左側。バンドのように整った右側に対して、乱れるかのように墨がスポット状に入っている。１匹で、まったく別の魚とも思えるような姿、表情を楽しめるのが、水槽飼育の魅力だろう

愛好家宅訪問

横見編

気に入った魚を飼うのがいちばん！

埼玉県／田口陽一さん

Thanks ／テクノ販売、オダカン

錦鯉の飼育を始めてから３年になる田口さん。魚を購入する際には、横見での視点にもこだわっている。「模様が体の上だけで終わっているのって、少しさみしい気がするんです」

前面のみアクリルガラスをはめ込んだFRP製の窓付き水槽（サイズは180×60×60cm）。バックのブルーが意外なほどに、錦鯉の体色を美しく魅せてくれる

ろ材は、ホームセンターで購入した防犯砂利（踏むと大きな音がする）40kgと、カキ殻（急激なpH降下を防ぐ）20kg。ろ過槽の容積は水槽の1／3を目安にしている

180cm水槽では、15～30cmを超えるような個体までいっしょに混泳している。ヒレが欠けているような個体は見当たらず、錦鯉の温和な性質がよく表れている

池、水槽ともに、外に設置したポンプによって水を回している

模様の変化を楽しむには水槽飼育がベスト

自宅のベランダに置かれた池、そして水槽で錦鯉の飼育を楽しんでいる田口さん。小学生の頃のザリガニ釣りに始まり、金魚はもちろん、熱帯魚もひと通りは飼ったという魚好きで、その行き着いた先が錦鯉です。出会いは、旅先で訪れた松本城のお堀。優雅に泳ぐ錦鯉の姿に衝撃を受けたという田口さんは飼育を決意し、さっそくホームセンターで紅白を購入したのです。

その後、近所の養鯉場に足繁く通ううちに鯉の数は増え、現在も活躍中の１８０センチ水槽を安価で購入するチャンスにも恵まれます。さらには、飼育魚の中から品評会で賞を獲るような個体も現れました。ベランダの改築前は、そんなお気に入りの魚たちが泳ぐこの水槽をリビングに置き、時間が経つのも忘れて眺めていたそうです。

「昭和三色の墨が好きなんですが、この模様は白地だった部分に突然現れることもあって」

池での上見では見逃してしまうような細かな模様の移り変わりを楽しむのにも、水槽飼育がピッタリだったというわけです。

なめらかな肌質がひと際目立つドイツ大正三色。真っ白な雪のような体に浮かぶ、暖かみのある緋盤がとても上品

背中の紅と腹側の白のバランスが絶妙な、実に水槽飼育に適した姿の紅白。目の周りを覆う紅が、どこかひょうきんな表情を作り出している

金ともオレンジともつかない味わい深い色彩を持った落ち葉しぐれ。水槽の中に変わった品種が1匹でもいると、よいアクセントになってくれる

水槽飼育の注意点

では、田口さんの水槽飼育のポイントを聞いてみましょう。まず、水槽の置き場所が屋外ということもあり、水温が気になります。

「当歳などの若い魚に餌を与えたいので、寒い時期は18℃を切らないようにヒーターで保温しています」

FRP製の水槽を選んだのも、保温効果が高いというのが理由のひとつです。

次に「魚の〝ツヤ〟を出すには水が大切」と言うように、水にはこだわりがあります。とはいっても、水換えは2週間に1度1/3、使用する水は水道水の塩素を中和したものと、特別なことはしていません。つまり、過敏になるのではなく、あくまでろ過槽や水の状態を第一に考えているのです。

餌は浮上性の人工飼料ですが、特別大きく育てようとはしていないので、自動給餌機などは使用せず、1日2～3回与える程度。品評会では、各品種サイズ別に審査されるので、水槽で育てた個体が不利ということもありません。

1年前の夏頃、ベランダの改築を機に、水槽を外へ出すとともに池も設置した。池はより大きく育てたい魚の飼育などにも使っている。池と水槽の上に載っている箱のようなものがろ過槽

ゴールをどこに定めるか

しかし、品評会を中心にするのではなく、あくまで自分の気に入った魚を飼うのが田口さんのポリシーです。最初にホームセンターで購入した個体も、品評会に出品予定の個体と同じ水槽で今も大切に飼育されています。

「品評会に出せなくても、気に入って飼った魚は手放せませんよ」

田口さんは穏やかな表情でそう語ってくれました。錦鯉飼育のゴールは品評会で賞を獲ることだけではないということを田口さんの水槽を見ると感じるのでした。

（取材は1月）

池で飼育している魚の中では、この銀鱗昭和三色がお気に入り。中央に抜けた白地が模様にメリハリをつけている

暖かい時期には、色揚げのために戸をあけて陽にあてるようにしている。
ここで、お茶やお酒を一杯やるのが、何よりの楽しみだという

愛好家宅訪問
横見編

餌をやるとワーッとくる。それがいいんです

東京都／菊池昌治さん

Thanks ／錦鯉かのう、オダカン

玄関で錦鯉がお出迎え

菊池さんのお宅の飼育スペースは、主に玄関にあります。玄関に水槽、というのは魚を飼育するものにとって定番ですが、こちらにあるのはタタキ池。靴脱ぎ場の半分以上が、鯉のタタキ池となっており、訪れる人を出迎えるのです。

菊池さんは元来の生き物好きで、小さなころから金魚や小鳥、そして錦鯉を飼われてきました。この池を作ったのは現在お住まいの家を建てた30年ほど前。はじめから備え付けであったわけではなく、ご自身によるハンドメイドで、新築後、仕事を終えたのちにひと月ほどかけて作られたそうです。

それ以来、何度かの中断はあるものの、菊池さん宅の玄関には錦鯉が泳いでいます。東京の一等地ではあるものの、どこか下町風情が残っているこの界隈。お宅が保育園の近くということもあり、今でも小さな子供が顔を出しては餌を与えるという、ご近所ではちょっと知られた錦鯉なのです。

大きなスペースではないけれど

さて、このタタキ池。玄関という場所の制限もあり、水量でおよそ55

タタキ池の上にあるふたつの水槽は、幼魚を育てるためのもの。こちらでしばらく横見を楽しめる

お気に入りは、昭和三色。小さなうちに買ってきて、成長に伴う墨の変化を見るのが楽しいのだという

上品な色合いの紅白。きれいなキワを持った個体であることが見て取れる

餌を与えるとこのとおり！　バシャバシャと勢いよく水面がはねる

0リットルと錦鯉の飼育槽としては決して大きなものではありません。

そして、この錦鯉の数。錦鯉は温和であり争うことはないものの、水質の維持には工夫が必要に思えます。

まず、水換えはあまりしないのだと言い、減ったら水を足す程度。ろ過槽のマット（ビニロック）は、週に一度洗うそうですが、それも取り立てて特別なことではありません。

では、なぜ水が維持できているのかというと、基本には生物ろ過がしっかり機能していることが挙げられます。屋外に置かれたお手製のろ過槽は、飼育槽に対して余裕をもって設計されているのです。

一方で、生物ろ過が効けばきくほどpHは降下してしまいます。錦鯉は中性付近の水を好み、実際、菊池さん宅でもpHが下がると鯉の色（特に墨の色）がぼんやりしたり、食欲が落ちるそうです。

そこで、菊池さんは、pHを常にチェックして、6.8を切りそうになったら、「鯉のよろこび」というpH上昇剤を使います。また、ろ過槽にはカキ殻の割合を多くして、急激なpHの低下を防いでいます。

こうして常に錦鯉にとって、またろ過槽にとってベストな状態を維持しながら、割と少ない手間で錦鯉の飼

タタキ池の中からお気に入りを選んでもらった。昭和三色は、頭のスミが口元から後方へ連なって入る「鉢割れ」という模様の入り方にこだわりがある。鱗が光って見えるのは、銀鱗の昭和三色

タタキ池には 50 ～ 60 匹の錦鯉が泳ぎ、万華鏡のようにめまぐるしく色彩が変化する

タタキ池も、ろ過槽も菊池さんのお手製。「工夫するのも楽しみのひとつです」

水の管理は pH を見ながら行なわれ、6.8 を切るあたりで、この pH を上げる添加剤を使用する

個体数が多く水換えも控えめなことから、pH の維持のために、ろ過槽にはカキ殻が多くの割合で使われている

育を楽しまれているのです。これも長いあいだ飼育を続けていられる秘訣といえるでしょう。

人それぞれの楽しみ方がある

写真をご覧いただければわかるように、菊池さん宅ではメインのタタキ池の上に、水槽が二つ置かれています。

この水槽は、幼魚、小さな個体を飼うためのもので、購入した錦鯉はこちらでしばらく飼育し、15センチほどになってから下のタタキ池に移しています。いくら温和とはいえ、サイズが異なりすぎると、小さな鯉は参ってしまうことが多いからです。

そして、この飼育スタイルならではの幼魚購入のポイントがあります。それは横から見ても柄や体型がよいもので、特に体型に関しては上から見たときとは異なる個体差を見つけることがあり、それも面白いのだといいます。

品評会を目指しているわけではないので、自分が購入するのは安価な鯉が多いといわれますが、錦鯉との関わり方は一様ではありません。菊池さんのように自分なりの楽しみ方で接することができるのも、錦鯉飼育の面白いところといえるのではないでしょうか。

（取材は3月）

泳がせている魚の種類、大きさ、数、その全てが驚愕のレベル。錦鯉とアロワナの混泳は動画サイトで実例を見て試したくなってしまったそう

愛好家宅訪問
横見編

淡水版竜宮城！?
錦鯉＆アジアアロワナの紅の競演

埼玉県／ A さん

Thanks ／龍魚世界ポンティアナ

竜宮城の意味とは？

「とにかくスゴイ人がいるから取材にいってみなよ！　竜宮城みたいな混泳水槽なんだよ」

そんな話を聞いて伺ったAさんのお宅で見たのは、想像していたものの10歩先、いや、はるか遠く先をゆく水槽でした。

取材に伺ったのは夜ということもあり、250《ワット》のメタルハライドランプ4灯で煌々と照らされた水槽周辺はなにやら異空間の趣きすら漂わせています。そして、水槽を目の前にすると「竜宮城」の意味が理解できました。タイやヒラメが舞い踊り…ではありませんが、10匹のアジアアロワナが優雅な魚体を披露しているその周りに、中南米に生息するアイスポットやシクラソマといったシクリッドの仲間たちが入れ替わり姿を現します。その光景に見とれていたら、なんとスッポンモドキまで！　本当に竜宮城だ、とひとり納得していたところ、目にしたのは、まさかの錦鯉。本来はアジアアロワナの愛好家の取材という名目で伺っていたのですが、この場面で出会えるとは思いもしませんでした。

「最後の〝とどめ〟が欲しかったんだよ。本当は赤いアロワナを泳がせてとどめ（完成）のはずだったんだけど。

ほぼ全身が真紅の色に発色した極上のアジアアロワナと、堂々たる体躯を誇る緋写り、こんなハイクオリティの魚たちが１本の水槽でいっしょに泳いでいる姿は、ここでしか見られないのでは！?

上見で眺めても美しいであろう模様を持った紅白。そして、それを水槽で眺めるぜい沢

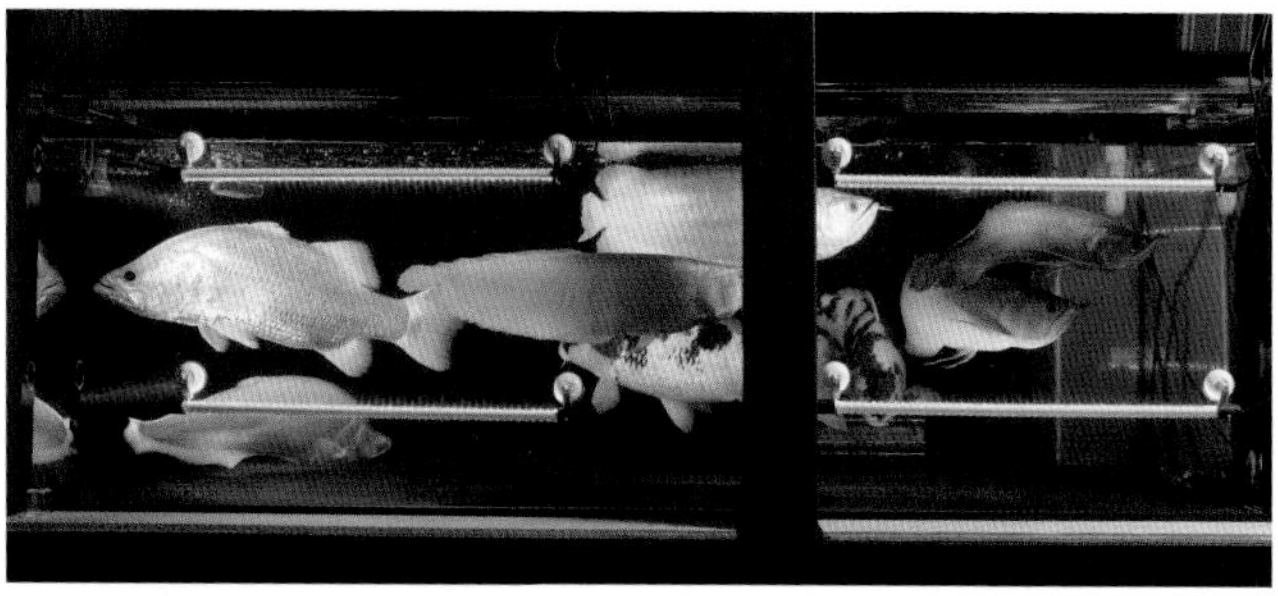

下段の水槽（180 × 100 × 60（H）cm）には、バラムンディやグリーンアロワナのプラチナ個体などが泳ぐ。LED でライトアップされて宇宙的（？）な雰囲気

LED ライトは白と青の２色を点灯させることで、魚体の輝きを引き出せるそう。ちなみに、この昭和三色は銀鱗個体とセレクトも心にくい

水槽は玄関に置かれており、来訪された方も驚かれるという。オーバーフローのろ過槽は屋外にある

…泳がせて見たら思っていたよりも少し大きかったな（笑）」

混泳を楽しむために

それでも、こんな90センチクラスの巨鯉を受け入れられるのは幅240センチという水槽サイズがあってこそ。聞けば、この水槽を設置したのも「混泳」をより楽しむため、と言います。

　幼少の頃、お父さんが池に鯉を泳がせていたということもあり、魚は常に身近な存在であったというAさんは、10年ほど前から本格的に飼育を開始しました。これまでにシクリッド、海水魚、そして、アロワナなどの大型魚を手がけてきましたが、その飼育スタイルはいずれも混泳。

「1匹飼いの方が魚がきれいに育つのはわかるんだけれど、混泳の方が楽しいでしょ？」

　以前は、このスペースに水槽を複数並べていたそうですが、「これが最後の趣味だから」といって大型水槽の設置に踏み切ったのだと言います。多数が収容されているので、さすがにどの魚も無傷というわけにはいきませんが、1匹がテリトリーを主張するようなこともなく平和な水槽にはちがいありません。もちろん、錦鯉たちもマイペース（？）な泳ぎを見せてくれます。

こまめなメンテも

　では、そのシステムを見てみましょう。ろ過はオーバーフローで、少量ずつ水が入れ替わる新水垂れ流し式を採用。pHの変動には気を配り、まめに換水をして中性付近を保つように心がけています。特に驚かされたのは、水の透明度の高さと、全くコケの見当たらない水槽ガラス面です。聞けばAさんはマメに手を入れ、スポンジで磨いているのだといいます。そこまでできるのは、やはりアロワナが、そして、錦鯉が好きだからでしょう。

「オレもメチャクチャだけど、この水槽がもうキャパシティいっぱいなのはわかってるよ」

　というAさんの笑顔を見ていると、いつまでもこの混泳水槽が長く維持されていくことを願わずにはいられませんでした。

（取材は6月）

DATA

水槽サイズ／
240 × 120 × 80（H）cm
ろ過／
オーバーフロー
（180 × 100 × 60（H）cm）
水質／ pH7.0　28℃
混泳魚／錦鯉（紅白、緋写り、プラチナ黄金）、アジアアロワナ、オスフロネームス・グーラミィ、アイスポットシクリッド、フラミンゴシクリッド、スッポンモドキ、etc.

新潟県は山古志、小千谷一帯は、山間の斜面を切り開いて作った棚田を利用した農業が発達し、同時に錦鯉の養殖が伝統的に行なわれている

錦鯉の故郷を訪ねて

錦鯉の産地としては、発祥の地である新潟県が有名ですが、現在では日本の各地で錦鯉が生産されるようになっています。ここでは、新潟県の伊佐養鯉場、愛媛県の別府養魚場にてそれぞれ取材した「池揚げ」「選別」の様子をお届けしましょう。なかなか見る機会のない、プロの仕事ぶりにご注目ください

秋の一大イベント！

“池揚げ”の瞬間

取材協力／伊佐養鯉場

錦鯉の世界では、その成長を促し、より美しく育てるために、野池に数ヵ月間泳がせるということが行なわれています。そして、その池から魚を取り上げる作業が「池揚げ」です

①小千谷市で主に御三家を生産する伊佐養鯉場の池揚げに立ち会った。この池の広さは約8,000㎡、4才以上の鯉70匹が放たれている

④魚体が傷つかないよう水ごとポリ袋に入れて運搬。大きな鯉は自身の重みが負担となるので、2人で身体がまっすぐになるように支える

③運搬しやすいように魚たちを簡易プールに移していく。錦鯉の成長を間近で見られる瞬間で、大きな個体、美しい個体が現れると歓声が！　作業しているのは、伊佐養鯉場の伊佐光徳さん

②網を岸際まで寄せ固定する。水面から見え隠れする紅や墨模様にドキドキさせられる

⑤池揚げされた鯉たちをトラックの上の運搬用水槽に移す。作業しているのは、伊佐　先（はじめ）さん

⑥網に入らなかった鯉を捕まえるため、水を減らす。普段の水深は5mというから、かなり余裕を持って飼育されていたことがわかる

⑦温室へと戻ったら池に放つ前に、鯉がどれだけ成長したかを検寸器でチェックする

⑧池に泳いでいるのが当日、池揚げされた魚たち。透明な水の中で美しい模様を眺めるのは格別の思いだ

魚を大きく育てるために野池で〝立てる〟

これまで本書を読んでこられて、池でも水槽でも飼育できるということから、錦鯉はその飼育環境のサイズに応じてその大きさをある程度調整できるということがおわかりいただけたのではないかと思います。簡単に言ってしまえば、池・水槽が小さければそれなりに、そして、大きければ大きいほど成長は促進されるといった具合です。

さて、ここで大切なのは、品評会においては、模様の美しさだけでなく、より大きく育て上げられていることも良い錦鯉の条件として重視されることです。そこで、品評会を目指す熱心な愛好家は生産者が持つ野池に自分の錦鯉を預け、サイズアップを図るということを行なっています。金魚や熱帯魚などの他の観賞魚では聞いたことも想像したこともない、とてもスケールの大きな話で、その文化の違いにはただただ驚くばかりですが、錦鯉の世界では普通に行なわれていることなのです。

さて、このように錦鯉の将来性に期待を込めて、その資質を引き出そうとすることを「立てる」、また、そ

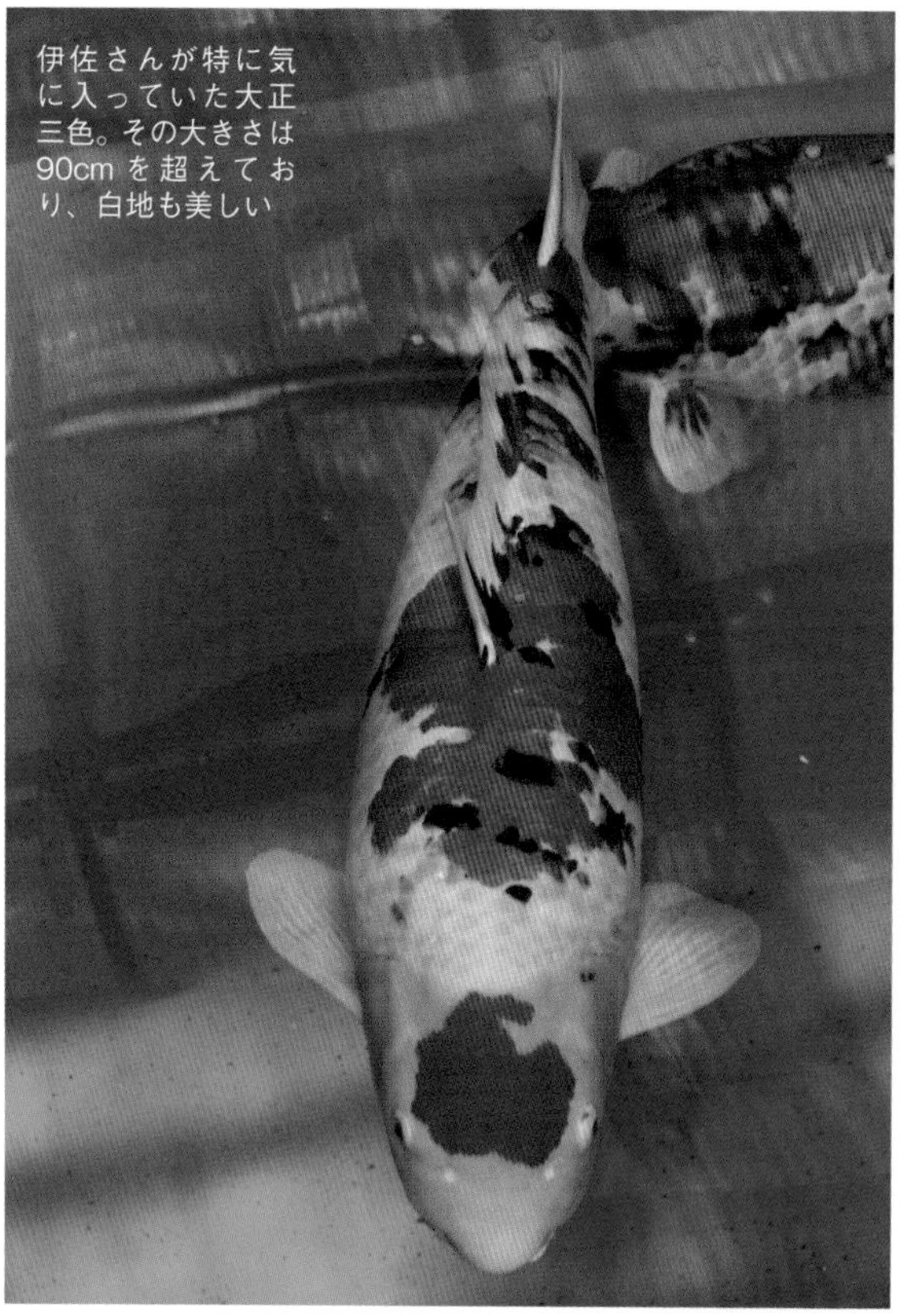

伊佐さんが特に気に入っていた大正三色。その大きさは90cmを超えており、白地も美しい

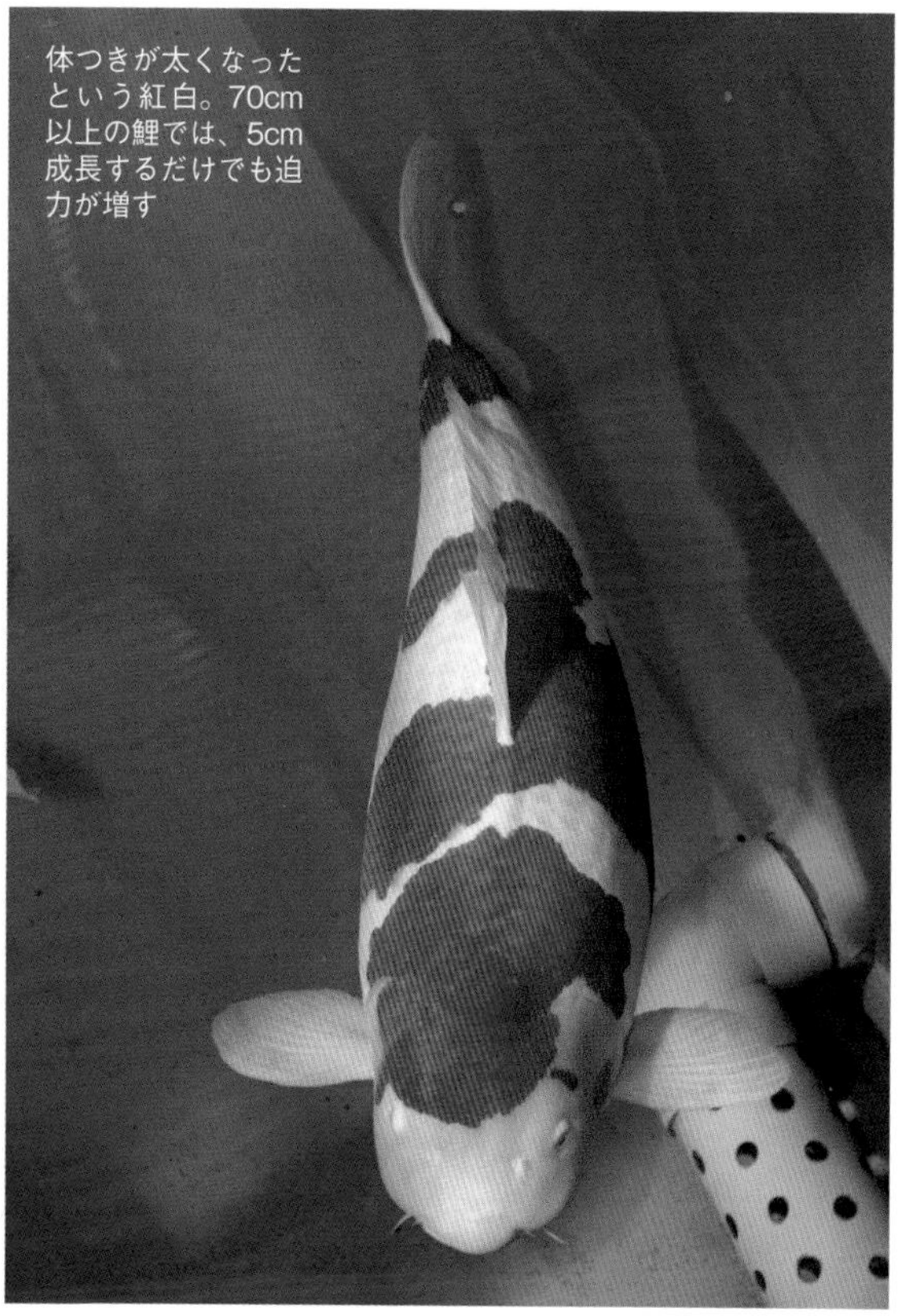

体つきが太くなったという紅白。70cm以上の鯉では、5cm成長するだけでも迫力が増す

美しさに磨きをかけた魚たち

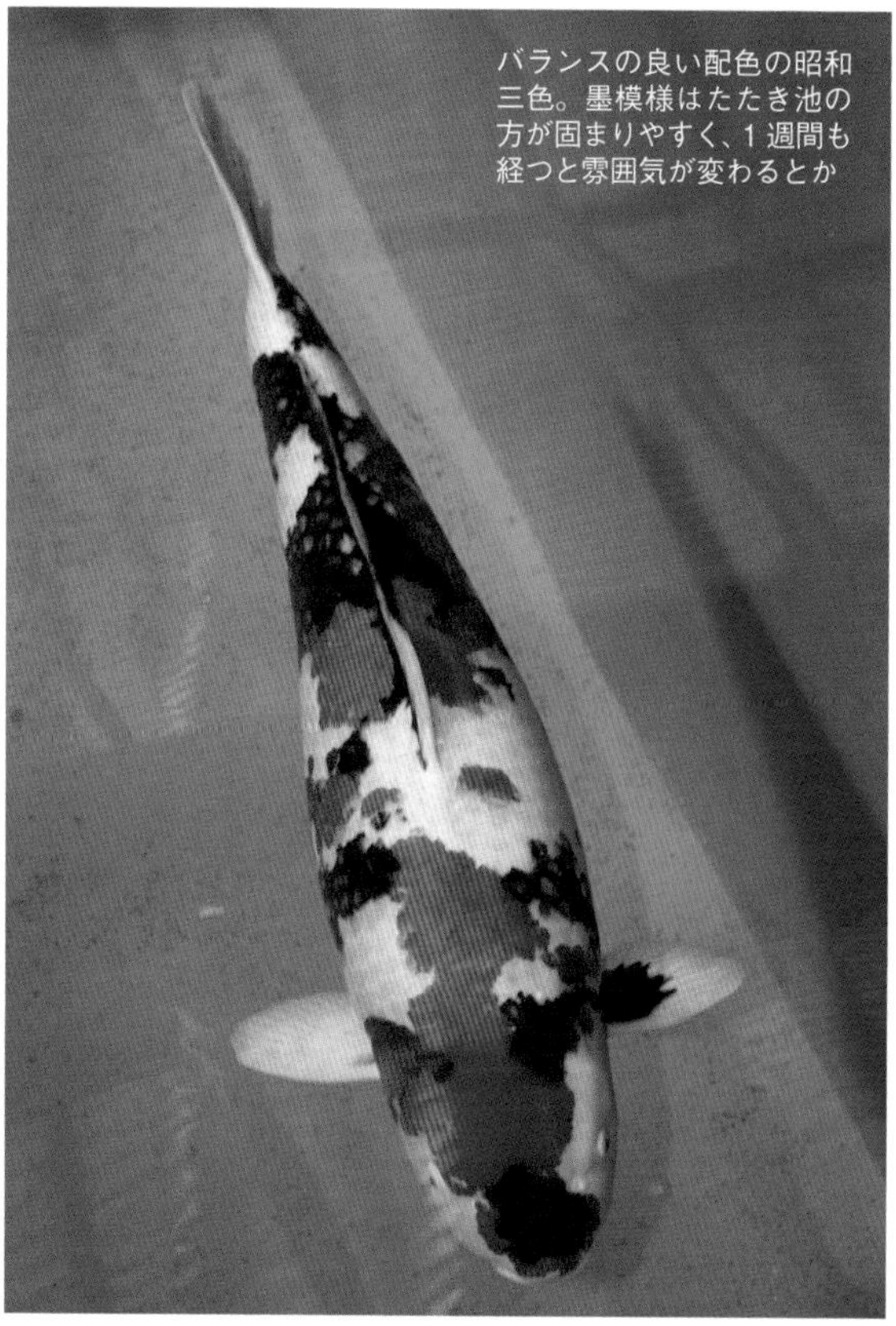

バランスの良い配色の昭和三色。墨模様はたたき池の方が固まりやすく、1週間も経つと雰囲気が変わるとか

のような魚を「立て鯉」と呼び、魚を立てるために行なうのが「野池に放す」という作業になります。

野池は自然環境に近く、泥には微生物が含まれていること、日当たりや風通しが良いことなどの理由から、魚は大きく健康に育つというわけです。伊佐養鯉場では例年、水温の安定する5月中旬〜下旬に魚を野池に移し、池揚げは10月初旬（当歳魚の場合は9月中旬）に行なっています。魚のサイズや年齢にもよっても変わりますが、この間に15〜20センチほど成長する個体もいるそうです。

この約5ヵ月の間、愛好家や生産者は池に放した魚がどんな姿に変化するのか、期待に胸を膨らませながら池揚げの日を待っています。そのため、秋は錦鯉に携わる者にとってとても楽しみな季節と言えるのです。

最後に伊佐光徳さんに今後、どんな魚を作りたいかを尋ねると、

「健康であることを第一に、人の記憶に残る、インパクトのある魚を作りたいですね」

と語ってくれました。当日、池揚げされた魚たちを見ていると、その夢は実現しつつあるとも感じましたが、光徳さんが目指すのはもっと高いところにあるのかもしれません。

錦鯉の歩んできた歴史

取材協力／星野哲雄（錦鯉の里）、伊佐養鯉場
参考文献／錦鯉問答（新日本教育図書（株））

錦鯉は新潟県を発祥の地とする文化ですが、祖となる魚が生まれてから現在に至るまで、どのような道を歩んできたのか、また、その周りを取り巻く環境はどう変化したのか、現地にて伺ったお話をまとめてみます。

錦鯉発祥の地とは

錦鯉が生まれたのは今から200年ほど前の江戸時代後期、金魚の飼育を楽しめるような平和な時代であったと言われています。

錦鯉発祥の地というと、山古志という地名を思い浮かべる方も多いでしょうが、かつて「山古志」と呼ばれていた地域と現在の「山古志」では示す範囲が異なります。つまり、錦鯉の元となる魚が生まれた正確な場所は、実ははっきりとはわかっていないのです。ただし、現在の長岡市太田、山古志、小千谷市東山、川口町北部などから成る、かつて二十村郷（にじゅうむらごう）と呼ばれていた地域のどこかと推定されています。

始まりは食用の鯉

この二十村郷は冬には雪が深く降り積もるような地域であり、重要なタンパク源として真鯉を養殖していました。そして、この真鯉から突然変異で生まれた色の付いた鯉が錦鯉の元となったのです。もちろん、それは現在の品種のような美しい模様を持った鯉には遠く及ばない姿であったことでしょう。しかし、先述したようにこの地域は冬には雪に閉ざされるような山間の土地で、娯楽も少なかったことから人々は面白がって改良を進めていったのです。

標高300～350メートルほどに位置するこの地域では、雪解け水を飲料水、農業に使用する水として貯蔵する「堤《つつみ》」と呼ばれるため池を利用しており、これが鯉の養殖に活躍しました。水の流れの強い環境を好まない錦鯉には最適な場所と言えるでしょう。また、土のpHは中性～アルカリ性を示し、中性付近の水質を好む鯉には有効に作用しました。

ただし、当時はまだ錦鯉を多くの人々が楽しむという状況にはほど遠い状況で、一部のお金持ちや変わりもの好きが道楽として飼うに限られていました。また、鯉の養殖のみで生計を立てるのは難しく、村の人々の主な収入源となっていたのは米作りや養蚕などでした。

錦鯉ブームの到来

錦鯉が脚光を浴びるきっかけとなったのが、1914年（大正3年）に行なわれた東京大正博覧会です。新潟の「変わり鯉」として出品されると、その美しさは全国に知れ渡ることになりました。当時は、錦鯉という言葉はまだなく、「色鯉」や「花鯉」といった名称で親しまれていましたが、第二次世界大戦中に「色」や「花」といった単語に規制が入ったため、「錦鯉」という名称が生まれたとされています。

そして戦後、日本に高度経済成長

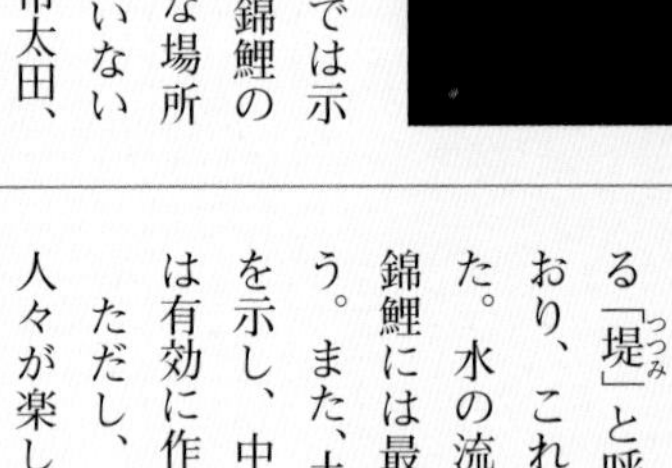

関越自動車道、越後川口サービスエリアの売店には錦鯉の泳ぐ水槽が。発祥の地だけあって、魚の質もいい！

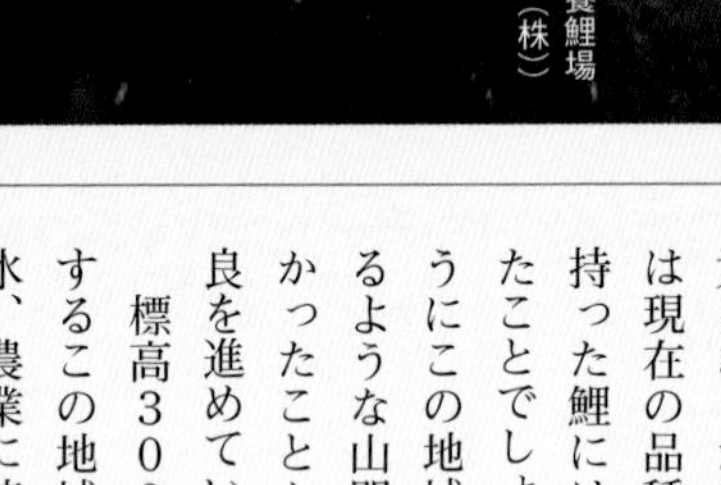

錦鯉が誕生したのは二十村郷のどこかとされる

期が訪れると共に、第一次ブームが訪れたのです。特に、東京オリンピックが行なわれた１９６４年（昭和39年）頃を境に錦鯉の値段も跳ね上がったと言います。

また、１９７２年（昭和47年）から在任した故・田中角栄元首相は大の錦鯉愛好家として知られ、邸宅の庭にあった大きな池で錦鯉に餌を与える姿がテレビでたびたび放映されたことから、「庭に池を作り、錦鯉を泳がせる」ということがある種のステータスとして扱われるようにもなりました。

時間は前後しますが、１９６８年（昭和43年）に東京で第一回全日本総合錦鯉品評会が開かれ、錦鯉に対して国を代表する観賞魚、名産という意味を込めて、「国魚」という呼び方をしたのはこの時が最初となります。

新潟中越地震の際に崖から転落してしまったという錦鯉の温室

また、昭和50年代頃から錦鯉の養殖を専業とする方が目立つようになってきたことも特筆すべきことです。

錦鯉に降りかかった苦難

１９８０年代後半のバブル期には錦鯉の第二次ブームが起きます。第一期と比べて異なるのは、国内は元より海外からの需要が増えていったことです。田中角栄氏が錦鯉の山古志地区の道路の整備にも力を入れたこともあり、海外の愛好家が直接生産者の元まで買い付けにくることも珍しいことではなくなりました。

さて、一過性のものであるからブームという呼び方をするわけで、始まりがあれば当然終わりもあります。ただし、錦鯉を飼育するという趣味、文化が広く一般に浸透していったことは間違いありません。

そんな中、２つの不運が錦鯉と、その故郷を襲います。ひとつは、２００３年に自然下で発生したコイヘルペスウイルス病を原因としたコイの大量死でした。これは錦鯉を含むコイにのみ発生する病気で、未だに明確な治療法は確立されていません。その感染鯉が生産者や愛好家の池でも現れるようになってしまったのです。

さらに、間を空けずに追い討ちをかけるような事態が起こります。２００４年10月23日、新潟県中越地方をマグニチュード６・８の地震が襲ったのです。震源近くの小千谷や山古志といった錦鯉の生産地が大打撃を受けたのは言うまでもありません。トンネルや道路が寸断され、ヘリコプターや重機を使って錦鯉を運搬する様子を報道で見た記憶のある方も多いでしょう。当然、電気も不通となり、発電機でひとつのポンプを回しなんとか２つの池を維持して乗り切ったという話も聞きます。池揚げ後の水の少ない時期だったので、被害を抑えられたのは不幸中の幸いとも言えるかもしれません。

それでも、全てではないにせよ繁殖用の親魚が失なわれたことは、大きな痛手となりました。「良い模様」を持った魚を産む確率の高い親魚、ペアというのが存在するといいます。錦鯉が長い年月をかけながらも着実に美しく、大きく進化してきたのは、鯉の系統図を元に交配を重ねてきた結果なのですが、地震はこの長年の蓄積までも奪ってしまったのです。

復活を遂げる錦鯉

しかし、そんな苦境にあっても、この震災が原因で錦鯉の養殖を廃業した方は少なく、多くの方が立て直したと聞きます。

新潟市の朱鷺メッセで行なわれた第41回全日本総合錦鯉品評会。大雪の中、世界中から熱心な愛好家がかけつけた

コイヘルペスウイルス病についても、消毒などが徹底されることで、大きな被害を聞くことはなくなりつつあります。

そして２０１０年、震災から５年が経ち、復活を遂げた錦鯉の故郷を見てもらうために、また、感謝の気持ちから、例年は東京を会場としている全日本総合錦鯉品評会が新潟で開催されました。そこで、見事総合優勝に輝いたのは、震災後に新潟県は小千谷市で生まれた紅白でした。その存在は復興の象徴とも呼べるのではないでしょうか。ここに至るまでには大変な労力があったことだと思いますが、近年では、多くの人に錦鯉の飼育を楽しんでもらうための、大衆向けの魚の販売量が伸びていること、海外への輸出が増えていることなど、明るいニュースもあります。錦鯉という文化がさらに発展していくことを期待したいものです。

親魚たちの飼育池の水量は40tあり、いちばん大きな個体は85cm、13kg。その存在感、迫力は鯉のものとは思えないほど

錦鯉の子取りと選別

錦鯉を産卵させたら、その子が全てきれいな錦鯉に育つかというと、そうではありません。美しい錦鯉を作るためには、「選別」という作業が必要となるのです

取材協力／別府養魚場

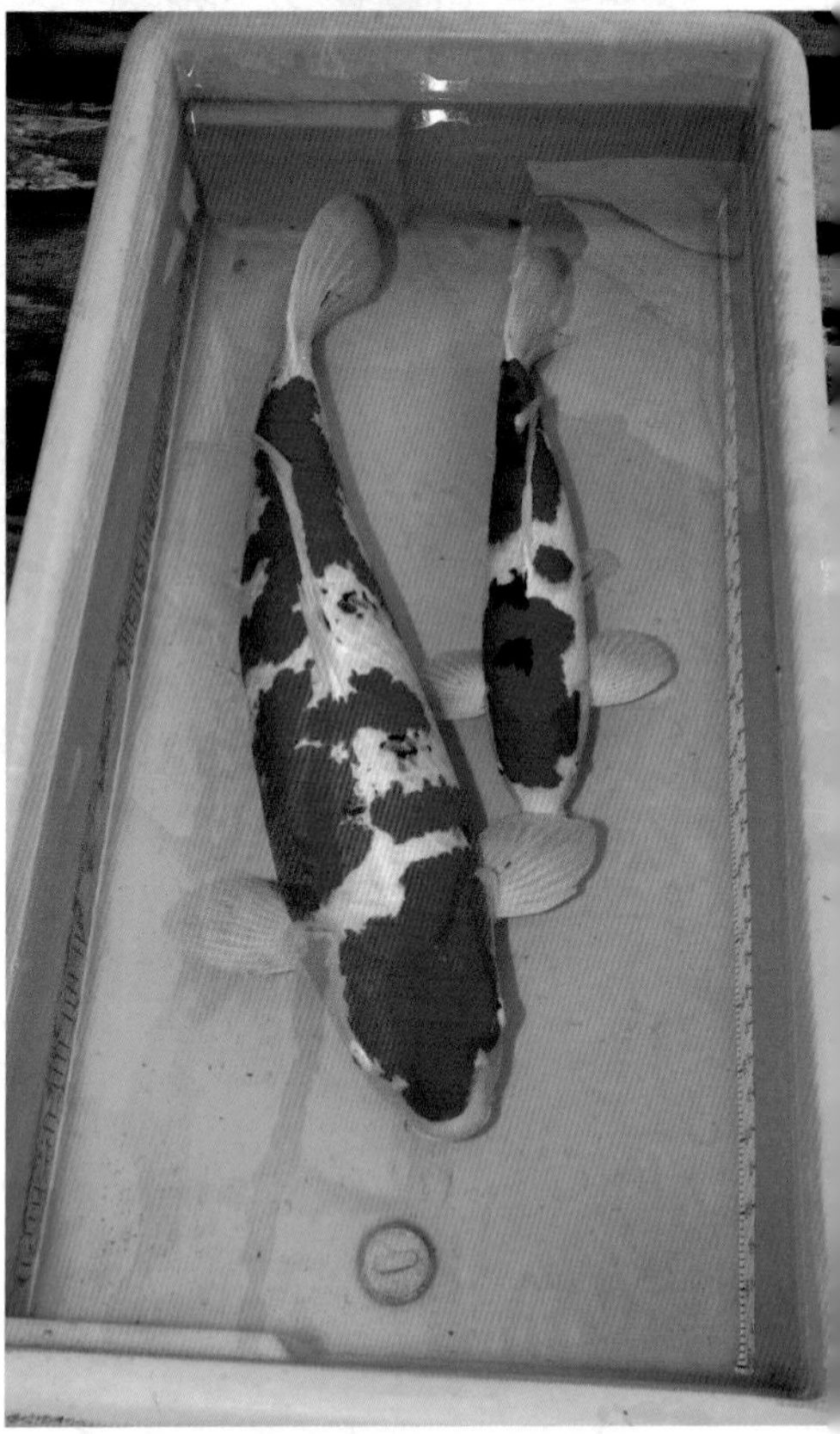

親鯉として使用される機会の多い大正三色のペア。左のメスは80cmと見事な体型を持ち、右のオスは紅が濃く墨の配置も良い

雌雄の見分け方

確実に見分けるならば、肛門の形に注目するとよい。やや縦長にスッとへこんだ形状をしているのがオスで、丸く少し膨らんだように見えるものがメス

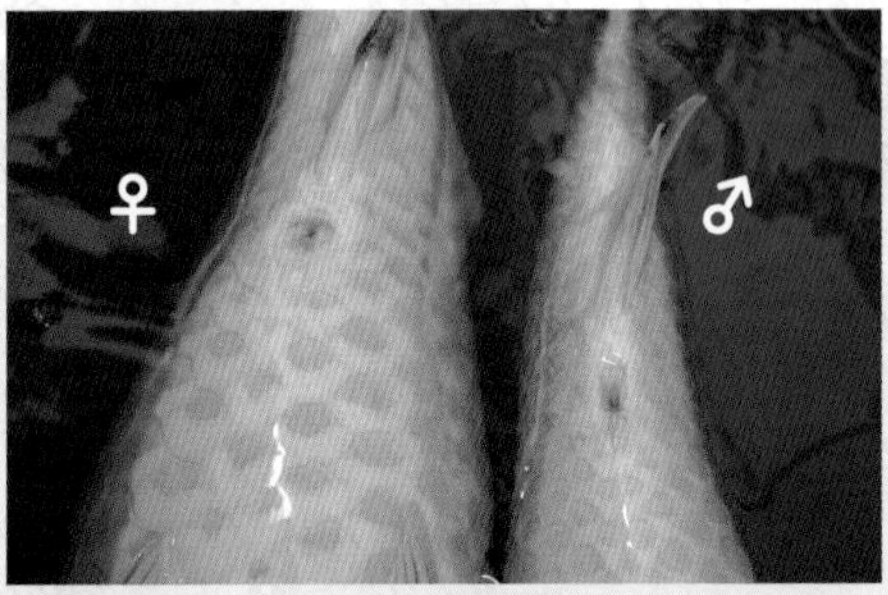

オスは成熟すると、胸ビレの付け根などに追星（白く小さな突起）が現れる

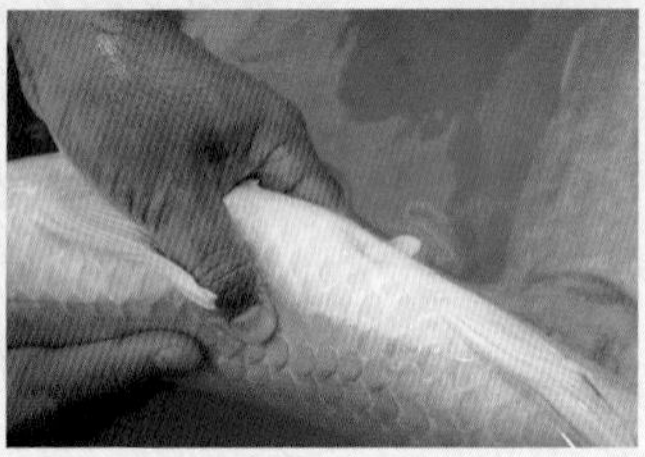

成熟したオスの腹部を軽くさすれば精子が出る

錦鯉を飼育していると、一度くらいは子取り（繁殖）を楽しんでみたいと思うのではないでしょうか？　しかし、ここで紹介しているように実際には大変な労力が必要であり、その割にきれいな鯉はあまり生まれません。黄金やプラチナなどの単色の品種はまだ良いのですが、紅白や三色などの模様を持つ品種についてはきれいな鯉はなかなか出ないのです。子取りを一度経験すると、生産者の方の努力、苦労を実感できます。

もし、子取りに挑戦するならば…

雌雄の見分け方

まず成熟した雌雄を見つけます。5月頃になると、3才以上の鯉ならばメスは卵を持ち、お腹が大きく膨らみます。一方、オスはスマートな体型をしており、エラ蓋や胸ビレのいちばん前にある親骨に追星がブツブツと現れます。成熟したオスならば、肛門の両端を頭側から後ろに向かって押すと精子を出すので繁殖可能であることを確認できます。

産卵池を用意する

メインの飼育池や水槽で繁殖行動を取らせると身体を傷つけたり、飼育水が汚れてしまうので、別の入れ物を用意します。いちばん適してい

産卵池のサイズは幅2×2m、水深は50cmほど。緑色の毛糸のようなものが卵を産み付けるためのキンラン、白いシーツのようなものは毛子を取りあげる際に使う、産卵網という目の細かい網

産卵池

錦鯉の産卵シーズンは、梅雨が明けて水温が安定した頃に始まり、お盆の頃までに終えることが多い。早朝に親鯉を導入し、順調に行けばその日の夜から朝方にかけて産卵が行なわれる。

別の池には体長数ミリの錦鯉の赤ちゃんが！　錦鯉の世界では、このようなふ化したばかりの仔魚を「毛子（けご）」と呼ぶ

産卵池を泳ぐ浅黄（メス）と銀鱗紅白（オス）のペア。基本的には同じ品種を交配させるが、血が濃くなった場合などは別品種と掛け合わせることもある

るのは、鯉の品評会などで用いられる、シート地の丸型フィッシュプールです。

繁殖の実際

このプールに水を張るのですが、産卵を促すために、鯉のいた池の飼育水ではなく、新しい水を用います。満水にすると、繁殖行動中に鯉が飛び出してしまうことがあるので注意してください。

この中に、卵を産みつけさせる産卵床として、キンランや水草などを入れます。突起のあるものや、材質の硬いものは、産卵の際に親がケガをしてしまうので避けます。

これらの準備ができたら、オスとメスを入れます（オスは2匹いてもかまいません）。十分に成熟した雌雄であればすぐに産卵を始めることもあり、翌日の夜中から朝にかけて卵を産み付けることが多いです。産卵を確認できたら、親魚はプールから出します。このとき、鯉は産卵行動により弱っていることもあるので、すぐに元の飼育池に戻すのではなく、メスだけでも別の環境でしばらく養生してあげたいものです。

卵、稚魚の管理

卵はカビが生えやすいので、メチレンブルーなどの薬品を水に入れておくと良いでしょう。受精卵であれば数日（積算温度で100℃、例えば水温25℃であれば4日くらい）でふ化し、プールの壁に稚魚（毛子）がくっ付いているのを確認できます。

稚魚は1～2日で泳ぎ出すので、これと同時に餌を与えます。餌はミジンコやふ化したてのブラインシュリンプが適しているので、稚魚が壁に付いた時点で準備しておくと良いでしょう。

餌は1日に数回与えられればベストですが、食べ残しは水質を悪化させるので給餌量には注意しなくてはなりません。また、ろ過器は稚魚を吸い込んでしまうので設置できず、定期的な水換えで対処します。このときも、稚魚をホースで吸い込まないように、ガーゼを巻いたザルを水面近くに浮かべ、その中から水を吸い出すような配慮が必要です。熱帯魚やメダカの稚魚用フードを食べられるほどのサイズに成長すれば、その後の育成は楽になるでしょう。注意点として、雨が池の中に大量に入ると、水温、水質が急変して稚魚が死んでしまうことがあるので、気をつけなければなりません。

卵のふ化

産卵が確認できたら、卵は親から隔離して管理する。１匹のメスは 20 万以上もの卵を産み、多いときでは80万にも達する。

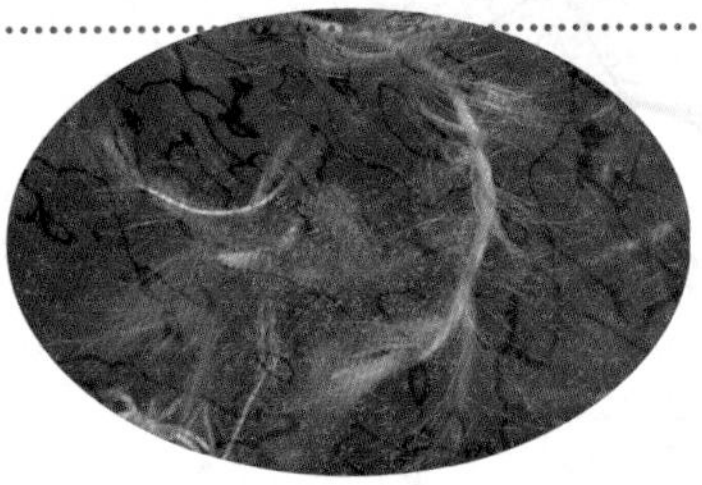

ふ化後２～３日目、大きさ 5mm ほどの毛子が無数に泳いでいた

毛子の取り出し

毛子はより大きな池で育成するため、一度取り出す必要がある。その移動方法を追った。

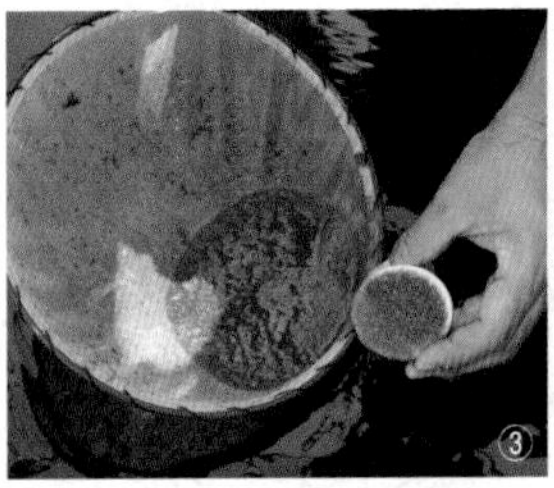

①キンランを強く揺すり、付着している毛子を払ってから取り出す。②毛子が産卵網に取り残されないように、水で洗い流しながら範囲を狭めていく。③集めた毛子の数を把握するため、一度おちょこに移す。④おちょこ一杯に満たした毛子の数はなんと 9,000 ～ 10,000 匹！　こうして全体数を把握する。⑤袋に移し、酸素を注入して完了。育成池の大きさに応じた数を取り分ける

毛子の育成池

すくった毛子は、田んぼを転用して作られた池に移す。池一面の広さは約 200 坪で、基本的にひとつの池につき１品種（同じ親から採った仔）を育てる。冬場には土作りを行ない、水を張ってから鶏フンをまいてミジンコの発生を促している。この育成池に移して初めて毛子に餌を与えることになるが、その導入とミジンコ発生のタイミングを合わせるのが難しいという。

自然に囲まれた環境は心地良いが、鳥（ゴイサギ）による食害があるそうで、ネットを張って防いでいる

集めた毛子を池へ。すでにミジンコも発生し、期待が持てる。２～３日で、驚くほど大きくなるのだとか

池揚げ

選別を行なうために、池に泳いでいる全ての鯉を池揚げして集める。

池から現れたのは6月初旬に生まれた銀鱗紅白。3ヵ月ほどで、すでに10cmほどに成長している

選別場の生け簀へ魚を移動。スレからくる病気予防のため、水には塩を溶かしてある

選　別

選別はふ化後30日で1回目を、その後は2～3週間ごとに、と基本的にひと月に1回は必ず行なっている。ここで残す魚が、今後を左右するといっても過言ではないから気は抜けない。

選別から漏れた鯉

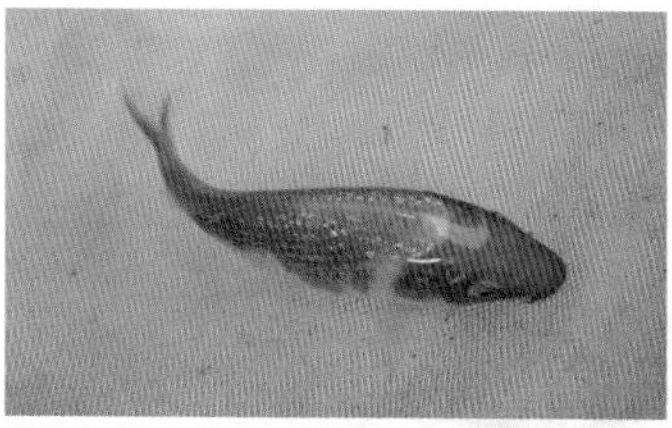

すでに紅の退色が始まっているキワの悪い個体

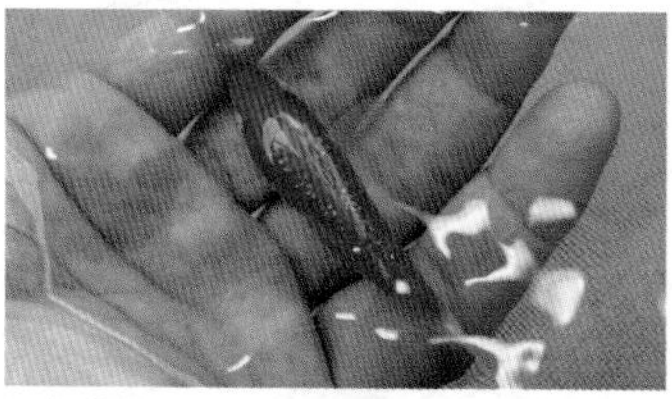

頭部全体が紅に覆われた面被りと呼ばれる模様は、野暮ったく感じる

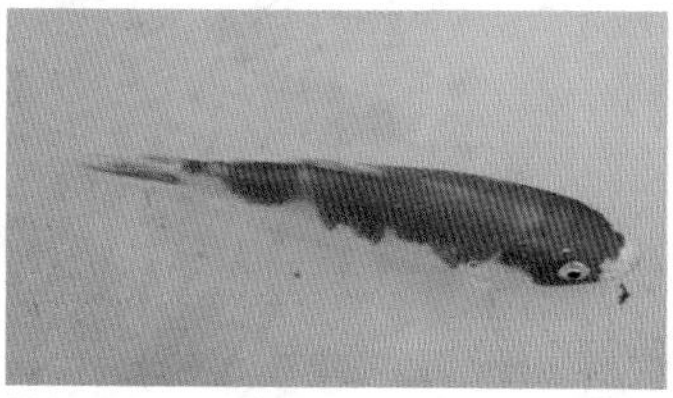

緋盤が途切れずにダラダラと続いている一本緋（いっぽんび）の個体

一度に20匹ほどを生け簀から掬い、小さな網で選り分けていく。スピーディに進行する作業は、プロの目と腕のなせる業

選ばれた鯉

3段模様を持った個体。口紅もかわいい

丹頂はもちろん残す

将来が楽しみな、複雑な模様を持っている。白く抜けた口先も良い

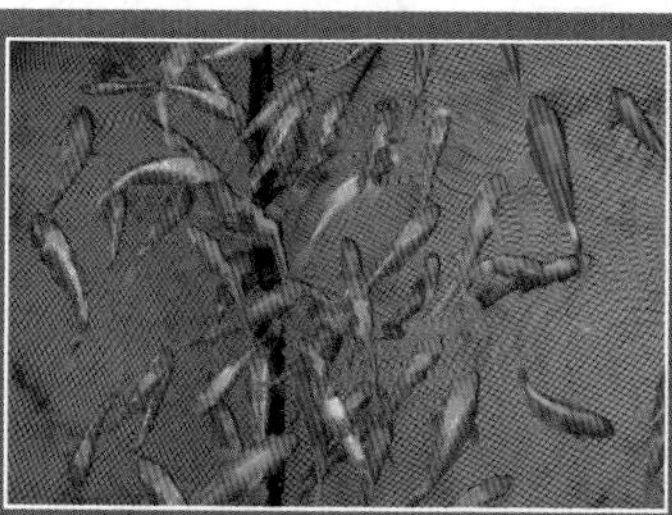

選外となった鯉は紅一色であったり、模様のないものが多い。色も薄く、銀鱗の輝きも弱いため、見劣りしてしまう

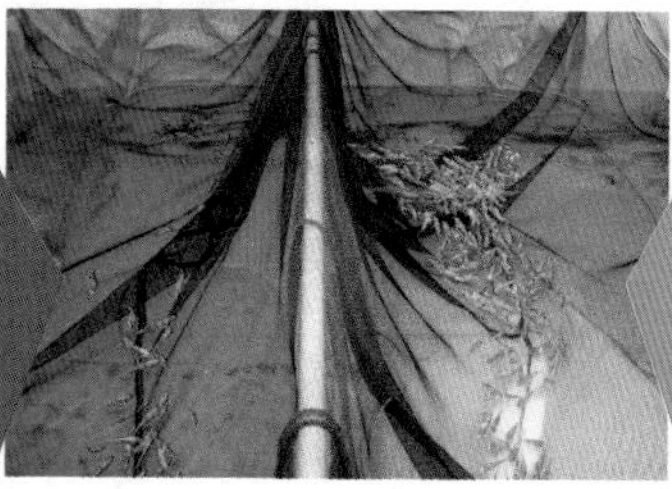

ここで行なったのは3回目の選別で、基準としたのは模様の有無やサイズなどの基本項目。3,000匹ほどを選別し、500匹を選んで温室に移動、200匹を選外とし、残りの個体はまた池に戻した

選ばれた鯉たち。全体に白地が目立ち、緋盤が模様を成している

選別を乗り越えた錦鯉たち

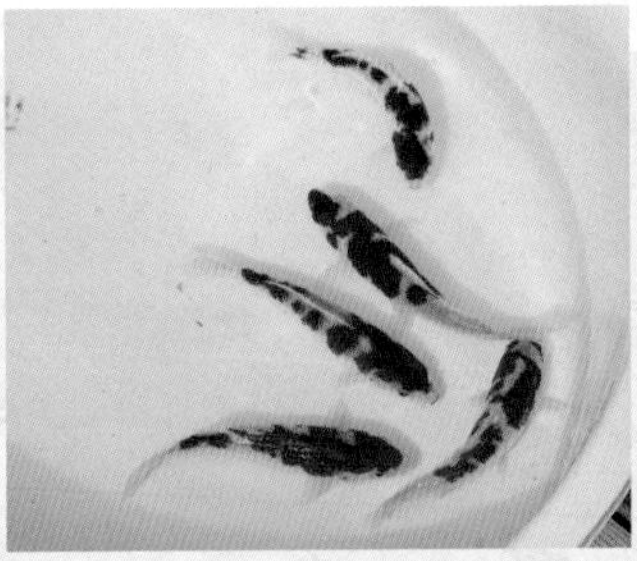

見かける機会の少ない銀鱗の五色や、衣。銀鱗品種は別府養魚場の得意とするところ

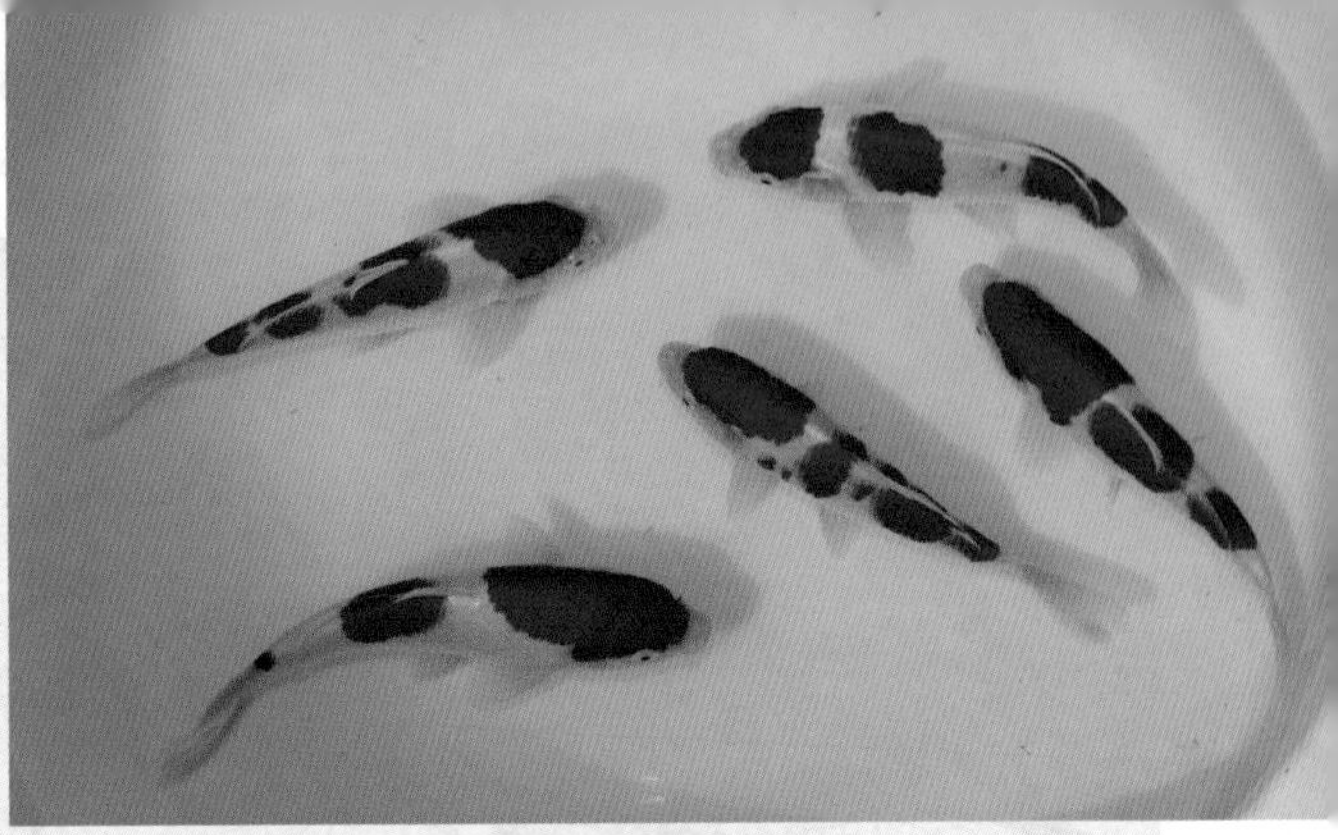

紅白の１才魚。模様の美しさは言うまでもなく、整ったキワにも注目したい

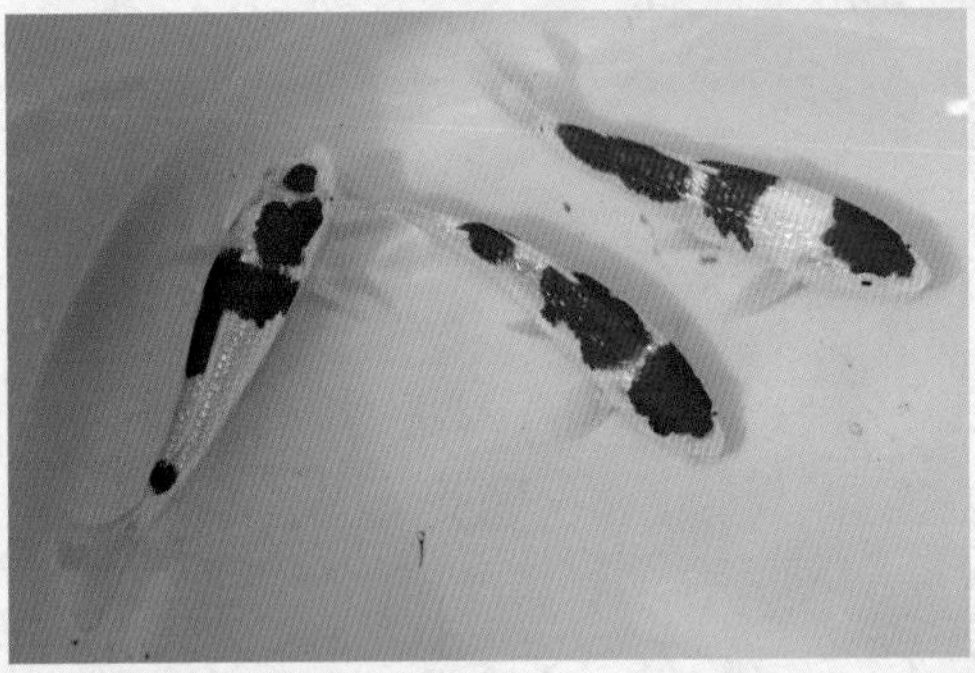

昨年生まれの銀鱗紅白。銀箔を貼り付けたようなキラキラとした輝きが魅力。幾度の選別がこのような魚を残す

3回の選別を経た孔雀。模様もしっかり乗り、光りも輝いていることから将来も期待できる

生産者の冬場の管理

錦鯉の産卵シーズンが終われば、季節は秋、冬と移り変わり、気温も低下してくる。そこで、冬場は加温設備のあるハウス内へと魚たちを移し、一定水温の元（23～24℃を目安に加温）で出荷サイズまで育て上げる。

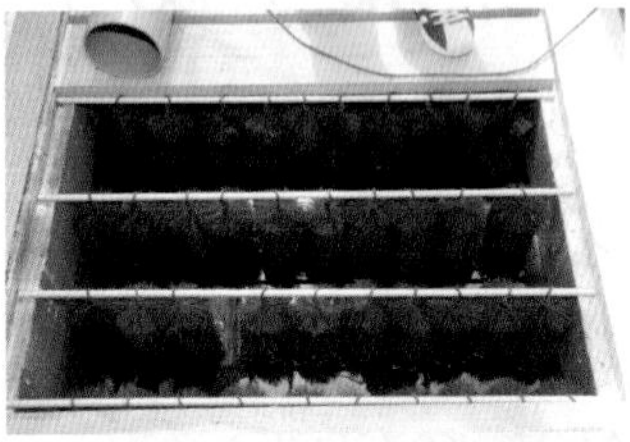

ろ過槽。「ロール」と呼ばれるろ材を、ひとつの池で１２０本使用。沈殿槽も兼ねている

ハウス内の池一面の広さは４×４×1.5mで、ろ過槽も含めると水量は30tほど。こちらでは基本的に差し水を行なわず、閉鎖したろ過システムを組んでいる。良い水を作ることが錦鯉の状態を上げることにつながるという

餌は、１日に８回与えているが、人間の手では限界があるので、自動給餌器を使用している

錦鯉が錦鯉として成長していくためには、選別が不可欠ということがおわかりいただけたでしょう。

例えば、紅白同士を親に選んで交配しても、その子がすべて紅白に育つわけではありません。原種に近い赤一色、白一色といった鯉が生まれることもあります。さらに、こういった鯉は模様を持った鯉より体質的に強く、大きくなりやすいので、人為的に淘汰しなければなりません。つまり、選別なしに育成しても、紅白模様を持った個体が育つ可能性は非常に低いのです。やはり、錦鯉は改良品種であり、美しい個体を育てるためには、人の手が欠かせません。

また、選別には飼育匹数を絞るという意味もあります。「大きさ」は鯉の評価を決める重要な基準ですが、ある一定のスペースにおいて、飼育密度は低い方がそれぞれの魚を大きく育てやすくなるのです。

このように、みなさんが飼育している錦鯉も、多くの努力、労力の元に存在していることを時々でも、思い出してほしいと思います。しかし、

「同じ模様を持った鯉は1匹といません。だから価値が出てくるし、夢中になれるんです」

という、別府養魚場の井上さんの熱い想いは頼もしい限り。銀鱗紅白が大きく育った姿が楽しみですね。

錦鯉の養殖は、ご家族３名で管理されている。左から井上信広さん、勝之さん、隆治さん

錦鯉のかかりやすい病気とその治療法

錦鯉を健康的に育てるためには、第一に病気を飼育環境に持ち込まないこと、万が一、病気を発症させてしまった場合には早期発見、早期治療を心がけることが肝要です

各病気の「原因」の解説、写真は、西川洋史（博士（海洋科学）東京海洋大学大学院）によるもの

錦鯉の健康状態をどこでチェックするか？

餌食いを見る

まずは餌を与えるときによく観察することです。鯉が餌を食べに来ないとき、反応しないときというのは何かしらの原因があります。鯉も人間と同様に性格はさまざまで、中にはおとなしいものもいます。しかし、そのような個体でも健康であれば、餌に反応して近くに集まってきます（もちろん、新しく導入したばかりの、環境に慣れていない鯉の場合はこの限りではありません）。

また、池で飼育している場合、浮上性の餌を与えることには魚体の異常をチェックできるというメリットもあります。というのも、水面まで餌を食べに上がってくるので、病気やケガ、寄生虫の有無をチェックしやすいのです。特に、普段見えにくい口の周りや腹側などに出血などが見当たらないか、確認します。

泳ぎ方を見る

泳ぎ方の異常も重要なチェックポイントです。エラ腐れや酸欠の場合は、力なく水面に漂い口をパクパクと開閉させます。寄生虫などが体表に付いた場合は池底や壁などに体をこすり付けたり、飛び跳ねたりします。寄生虫の存在に気づかずそのまま放置していると、体が充血し、餌食いも悪くなり、池底に並んで元気なくじっとするようになります。

錦鯉の健康チェックシート

- □ 餌食いが悪い。
- □ 群れから外れてジッとしている。
- □ 水面で口をパクパクしている。
- □ 物に体をこすり付けたり、急に水面へ飛び出す。

ひとつでも当てはまったら、要注意！

錦鯉の泳ぎに現れる異常の例。よく観察して、「いつもとちがう」と感じたら、病気を疑おう

病気を持ち込まないために

鯉を購入する際には直接お店に出向いて、鯉の状態を見ることをおすすめします。自分の気に入った個体が元気に見えても、同じ池（水槽）に病気にかかっている個体がいる場合には購入を控えましょう。その池の水の中には病原菌が存在しているので、外見的には問題がないようでも感染している恐れがあるのです。また、通販を利用する場合など、実際に鯉の姿を確認できない場合にはお店の方とよく連絡を取り、鯉の状態に問題はないか聞くことです。

購入した鯉はすぐにメインの飼育槽には移さず、他の容器に入れて7～10日間ほどトリートメントするとよいでしょう。このとき、水の塩分濃度が０・６《パーセント》になるように、１００《リットル》に約６００《グラム》の粗塩を入れます。特に、通販や初めて訪ねたお店で購入した場合には、必ず実行してください。

また、錦鯉の購入先はできるだけ絞り、懇意にしているお店で魚を選ぶことをおすすめします。これは我々小売業者にも同じことがいえ、やはり多くの生産者から色々な個体を購入したいという気持ちはありますが、そうすると必然的に病気を持ち込む可能性が高くなります。そのため、管理の行き届いた、決まった生産者から購入するなどして、注意を払っているのです。

病気の発症しにくい環境作り

他からの持ち込み以外では、飼育環境が病気発生の原因となることがほとんどです。以下に、鯉の健康を維持するために心がけることと、具体的な方法をまとめるので参考にしてください。

1. 水質の安定…十分な容量とパワーを持ったろ過システムの設置。
2. pHの維持…定期的な換水とろ材の掃除。ろ材にカキ殻を使用するのも効果的。中性前後が望ましい。
3. 飼育水の汚れ（栄養塩）の排出…新水の補給あるいは定期的な換水。
4. 水温の維持…池の設置場所を考慮。また、ヒーターを使用し、1日の間で極端な水温変化をなくす。
5. 消化不良の防止…季節（水温）に合った良質な餌を与える。
6. 溶存酸素量を増やす…十分なエアレーションを施す（特に高水温時）。

病気の症状と治療方法

病気を治療するにあたって

他の場所に隔離して薬浴する際

は、薬の効果が下がらないように、また鯉を落ち着かせるために、カバーをかけて暗くしましょう。エアレーションは鯉に影響がない程度、十分にしてください。薬浴している間は基本的に餌を与えません。

季節に応じてかかりやすい病気

春から夏

■エラ腐れ

◆症状

エラに原虫や雑菌が大量に付くことで呼吸困難となる。初期は、ボーっとして食欲がなくなり、悪化すると、新水の出口などで水面に口をパクパクと開き苦しそうにする。

◆原因

病原菌は、フラボバクテリウム・カラムナリ*Flavobacterium columnare*という細菌です。この細菌はタンパク質分解酵素を産生し、周辺の組織を溶解していくので患部は腐敗の様相を呈します。発病する部分によって尾腐れ病・鰭腐れ病・口腐れ病・コットンマウスなどと呼ばれることもあります。

エラ組織は他の組織に比べて脆弱な構造をしているので、エラ腐れになった場合は特に死亡率が高まります。溶存酸素が十分あるにも関わらず口やエラの開閉速度の上昇、鼻上げなどの行動を示したら、すぐに細菌感染症用の薬を処方しましょう。

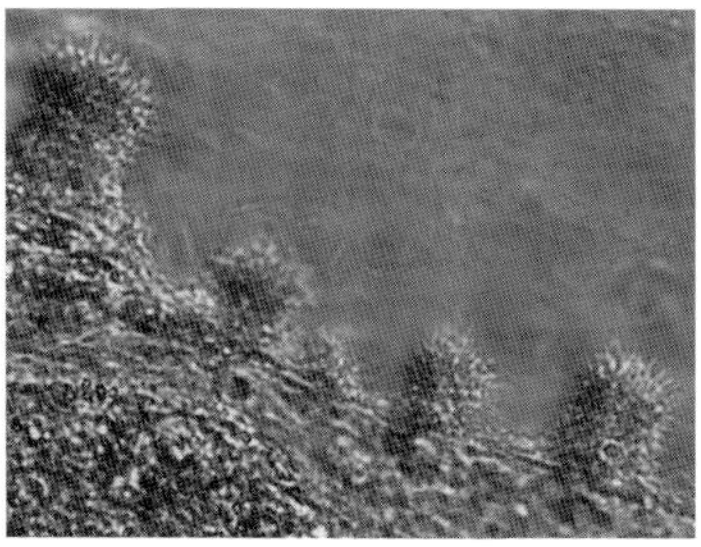

カラムナリス菌のコロニー。カラムナリス菌は集合して塊を作ることがある

ただし、トリコジナやキロドネラ、白点虫などの繊毛虫類（100倍程度の顕微鏡で確認可能）がエラで大増殖しても呼吸困難に陥るため、エラ腐れ病が疑われるときは白点病と細菌感染の両方に効果のある薬を使用するとよいでしょう。

◆治療法

幼魚の場合は、早期に発見して対処しないと死んでしまいます。群れから外れて先述の症状を見せていたら、別の容器に移し、薬浴した方が良いでしょう。

このとき、水温は23℃くらいに調整、粗塩を塩分濃度が0・6パーセントになるように溶かして、細菌性感染症治療薬（例：グリーンFゴールド顆粒）あるいは合成抗菌薬浴剤（例：以前は穴あき病の治療薬に使った観パラD、グリーンFゴールドリキッドなど）を併用します。

夏から秋

■穴あき病

◆症状

古くからある病気で、発症する場所や症状の異なる複数のタイプがある。30年以上前からあるタイプは胴体のウロコが取れて、筋肉が露出することが多い。

◆原因

エロモナス属の細菌、エロモナス・サルモニサイダー *Aeromonas salmonicida*によるもの。胴体の1ヵ所に潰瘍ができるのが特徴で、発生初期の段階ではウロコがわずかに隆起しているように見えます。この部分ではすでに細菌が増殖して内部の組織が融解し始めており、やがてウロコがはがれ、真皮や筋肉が露出するようになります。

◆治療法

観パラDやグリーンFゴールドなどによる薬浴で、大きな効果が得られます。しかし、近来見られるようになったタイプ（新穴あき病）はこの限りではありません。

■新穴あき病

◆症状

胴体のみならず、口、目の上、顎、ヒレの付け根などに発症することが多い。

◆原因

非定形エロモナス・サルモニサイダー *Atypical A. salmonicida*によるもの。潰瘍が複数つくられるのも特徴です。

◆治療法

このタイプは観賞魚用の薬ではなかなか改善されないため、獣医師さんや鯉の専門店に相談されることをおすすめします。何よりも、この病気は新入りの鯉から持ち込むことが多いので、注意してください。もし発症してしまったら、完治するまで治療することです。中途半端な治療は再発を招きます。

■寄生虫

◆症状

代表的な寄生虫はウオジラミ（水ダニ）やイカリムシなど。初期は物に体をこすり付けるような動きを見

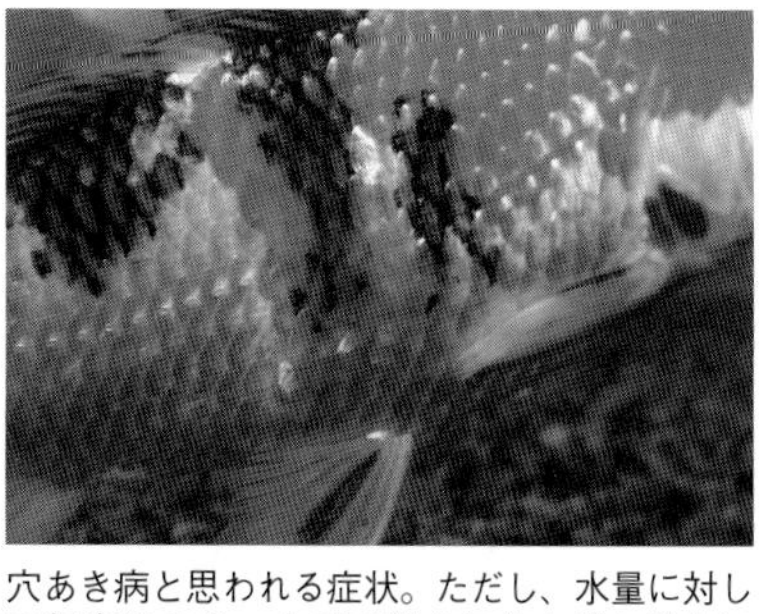

穴あき病と思われる症状。ただし、水量に対して飼育魚の多い水槽で餌を与えすぎた場合にも同じような症状を見せることがある。穴あき病の場合は進行すると筋肉が露出する

せ、徐々に不活発になる。

◆イカリムシ症の原因

イカリムシは、節足動物門・甲殻綱・ケンミジンコ目・イカリムシ属の寄生虫で、代表的な種としてレルネア・シプリナセア*Lernaea cyprinacea*が挙げられます。

寄生部位の組織は破壊され、しばしば出血や組織の盛り上がり、水カビなどの二次感染を伴います。口腔やエラに感染することもあり、その場合は摂餌不良や、呼吸困難に陥ることがあります。

大型個体では少数の感染ではほとんど問題がないのですが、イカリムシの頭部が重要な臓器に入り込んでしまうと致命傷になることがあります。また小さな個体では相対的にイカリムシのサイズが大きくなり、被害が大きくなるので注意が必要です。

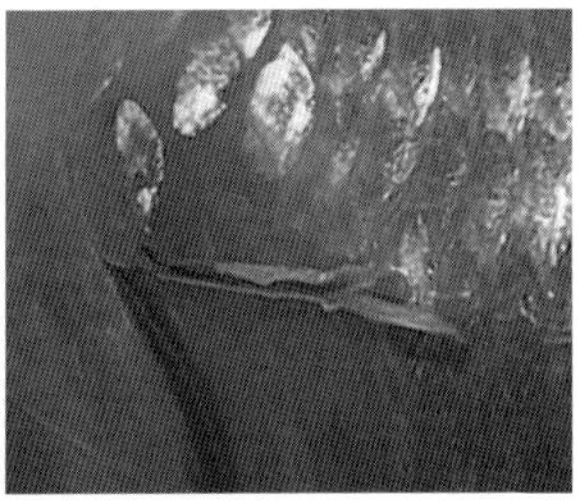

エラ蓋付近に寄生したイカリムシ。成虫は1cmほど

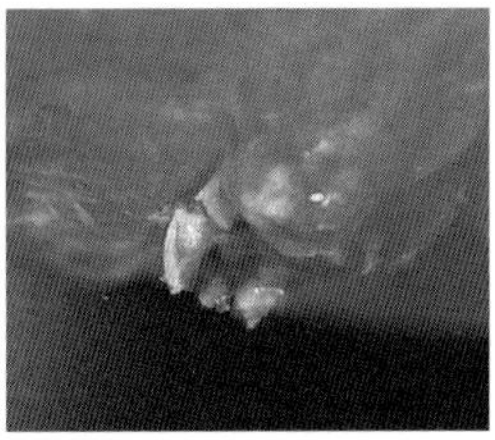

少数ならピンセットでイカリムシを引き抜くことも可能であり、最も早く駆除できる。ただし、イカリムシは大きなフックを魚体内に形成するので、写真のように引き抜いたときの傷口は大きい

◆ウオジラミ（アルグルス症）の原因

ウオジラミは節足動物門・甲殻綱・鰓尾目・アルグルス属に分類される魚類寄生虫を指し、代表的な種としてチョウ（アルグルス・ヤポニクス*Argurus japonicus*）が挙げられます。

ウオジラミは魚体の表面を自由に移動することができ、適当なところで針を刺して魚の体液を吸います。このときの刺激や注入される毒液でかゆみが引き起こされるようで、魚は急激に泳ぎ回ったり、体を岩や底砂に擦り付けるなどの行動を取ります。

◆治療法

いずれも駆虫剤（例：リフィッシュ）を投与するが、卵には薬効がないので、ある程度の期間を置いて複数回散布する必要があります。

ウオジラミの幼虫は半透明で見つけにくいが、成虫（写真）は淡黄褐色や半透明な褐色でオスは6mmほど、メスは9mmほどに達し、目立つ

冬

■低水温症

◆症状

体に白い膜がかかったように見える。皮膚の充血を伴うこともある。

◆治療法

飼育槽全体を加温設備で暖めるのがいちばん早いが、池の容量が大きくそれが不可能な場合には病魚を他の容器に隔離します。このとき、水温は徐々に上げて20℃以上に、さらに飼育水の塩分濃度が0・6《パーセント》になるように粗塩を入れ、グリーンFなどを併用すると効果は上がります。

たいていは7～10日間で回復してきますが、飼育槽に戻す前には水温を下げなければなりません。これが最も気を遣う作業で、1日に1～2℃ずつゆっくり下げていきます。飼育槽の水質が悪かったり、雪などが多く入り水温が急激に低下すると再発してしまうこともあるので、注意してください。

低水温症になると、体表が白っぽく見える

当歳魚がかかりやすい病気

■眠り病

◆症状

当歳魚を2歳以上の鯉と初めて一緒に泳がせたり、または長期間（およそ3年以上）鯉を追加していない池に久々に新たな鯉を入れた時に、先住個体が発症することがある。特にストレスがかかった時に発症しやすい。

もちろん当歳魚同士でも、眠り病を経験していない鯉を罹病歴のある鯉といっしょにすると、導入や水温の上下などのストレスにより発症することがある。

発症当初は体を池底や壁などにこすり付けたり水面を跳ねたりし、そのうち池底や水面でじっとするようになる。この頃になると皮膚やヒレが充血し、白い膜が体表を覆うこともある。そのまま放っておくと魚は平衡感覚を失い、眠ってしまったかのように横転する。

◆治療法

薬浴水槽に塩素を中和した水道水を入れて20℃以上で安定させ、塩分濃度が約0・6《パーセント》（飼育水100《リットル》当たり、およそ600《グラム》）になるように粗塩を入れます（塩分測定器があると便利）。さらに、塩と併用して殺菌剤を入れた方が良いでしょう。この時、

①7～10日間は塩分濃度が下がらないように新水は入れない。塩水浴を始めて数日のうちに回復してきたように見えても、そのまま7～10日間は治療を続ける。
②塩水浴中、魚が出す粘液などで水質が悪化してきたら、ほぼ全量水換えをして、改めて塩と殺菌剤などを入れる（換水時には、塩分濃度や水温が変化しないように注意）。
③薬浴中は餌をやらない。
の3点を守ってください。しっかり治療すれば、死亡することはまずありません。

　ただし、鯉が回復しても、すぐには塩分のない通常の飼育環境に戻さず、水換えをして塩分濃度を半分程度の約0・3《パーセント》まで下げて数日間様子を見て、眠り病がぶり返さないことを確認した方が良いでしょう。すぐに戻すと、他の元気な鯉につつかれてまた体調が悪くなることもあるからです。

　この病気はウィルスが原因と考えられ、眠り病を発症した個体は抗体を獲得するので以後かかりにくくなります。しかし、一度感染して抗体を持つ個体でもさらに強力なウィルスと出会うと再び感染したり、またしばらく新しい鯉を導入しない環境では抗体がなくなり、久々に新たな鯉を入れると再発することもあります。初心者の方には、一度眠り病にかかり回復した個体の購入をおすすめします。

眠り病。文字通りに魚が横になって眠ったような姿を見せる

　以前は生産業者の元で眠り病にかけられ、回復した個体が流通していました。しかし、最近ではウィルスが検出されると外国への輸出がしにくくなるため、生産者は眠り病にかけず出荷する場合が増えています。そのため、現在では小売店で治療が施され抗体ができた個体が販売されるようになっています。

　ただし、先述のとおり、眠り病から回復した鯉でも再発することがあるので眠り病の治療方法は会得しておいた方が良いでしょう。突然発症することもあるので、常に塩は用意しておくと安心です。

コイヘルペスウイルス病について

◆症状と対処

　各メディアで盛んに報道されたことから、これまで鯉に関心のなかった方でも一度は耳にしたことのある病気だと思います。大量死した鯉の映像などを見て、恐ろしいイメージをお持ちかもしれませんが、コイヘルペスウイルス病（以下KHV病）の感染ルートのほとんどは、新しく導入した鯉によるものなので、来歴（生産者や流通業者）がわかっている鯉を、しっかりと管理しているお店で購入することを心がければ、さほど心配する必要はありません。

　症状としては、水面を力なく泳ぐ、食欲不振、目が落ち込む、表皮の粘膜が異常に出て白くなるなど、様々です。しかし、KHV病特有の症状というものはなく、他の病気でも同様の症状が出ることがあるので注意してください。昨今、鯉の調子が悪かったり、死亡すると、KHV病と思って治療をあきらめる方もいます。正しい知識を持つとともに、不安な場合は鯉の専門店や水産試験場に相談することが大切です。

　なお、KHV病に感染した場合、他への感染を防ぐため、その魚は殺処分することが法律上、定められています（執筆時現在）。

◆原因と特徴

　KHV病は、コイヘルペスウイルス(Koi Herpesvirus)によって起こされる病気です。ウイルスそのものはエラの上皮細胞、肝細胞、白血球などにヘルペスウィルス粒子として電子顕微鏡で観察されます。

　最初の報告は、１９９８年に起きたイスラエルの養殖場での鯉や錦鯉の大量斃死とされます。そして、同年8月には北アメリカ大陸中部で報告され、まもなくヨーロッパやオーストラリア、アジア各国に広がっていることがわかりました。日本では２００３年に報告され、その後も養殖場や天然水域における鯉の大量死があります。KHV病を経験したことのない鯉が感染すると、その致死率は水温が20～26℃のとき80％以上に達することもあります。そのため特定疾病に指定されており、病魚の処分・養殖場の消毒・流通阻止などにより蔓延防止策がとられています。

　ウイルスそのものは魚体から離れると3日程度で感染力を失います。また、鯉（真鯉・錦鯉）以外の魚種には感染しないようで、ウグイ、フナ、アユ、ティラピア、キンギョ、ソウギョ、ハクレン、シルバーパーチ、ナマズには感染しないことが確認されていま

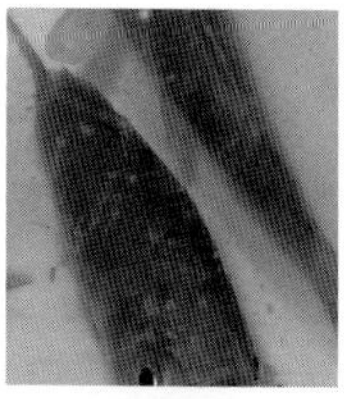
KHV病による粘液増加

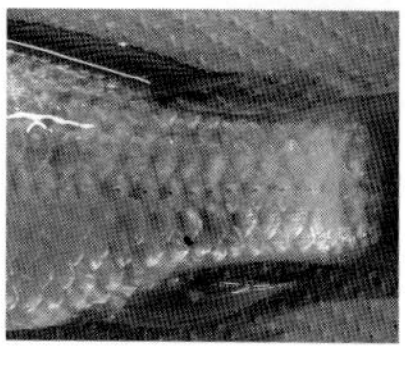
体表面としりビレにおける出血の様子

す。人に感染することもなく、この病気が発生した場所で採れた鯉を食べたとしても問題はありません。

親から子への感染も気になるところですが、ふ化後1～4日の仔魚には感染しないという報告があります。これは、一般的に魚はふ化時には様々な器官が未熟であるため、ウイルスの侵入口が存在せず、各器官の発達に伴い侵入門戸が形成されるのが理由ではないかと考えられます。

KHV病の内部症状としては、腎臓や肝臓の膨張・出血が認められることがあります。顕微鏡レベルではエラ組織の過形成（通常より組織が肥大する現象）や二次鰓弁の融合、造血細胞の壊死が確認されます。中枢神経系や心臓における病変もあり、動作の鈍化や平衡感覚の喪失はこの辺りと関係があるかもしれません。

KHVは塩素などで不活化する（感染力を失わせる）ことが可能です。池や長靴、大きな機材・器具はサラシ粉などで有効塩素濃度200ppm（1ppm＝0・0001パーセント）になるようにして散布・消毒します。この濃度の塩素は魚にとって極めて強い毒性を発揮するので、消毒後はチオ硫酸ナトリウム（ハイポ）で十分に中和し、洗い流してください。また、下流へのウイルス拡散を防ぐために、病気が発生した水槽の水は有効塩素濃度3ppmで30分の消毒を行ない、ハイポで中和してから排水します。小物であれば熱湯に5分間漬けることで消毒できます。

エラの退色（貧血）

141ページの写真の個体を30℃で3週間昇温した後の様子。外見的には問題がないように見える

コイヘルペスウイルスの感染増殖適温は18～26℃です。そのためウイルスに感染した鯉を低水温で飼育し続けても問題はほとんど起こりませんが、通常の飼育温度に戻すと発病して死亡します。一方、粘液増加や退色などの症状が現れてから1時間に1℃くらいの速さで水温を30℃に上げ、1～2週間ほどその温度で飼育すると、症状が消えて見た目が正常に戻ります。つまり治るのですが、ここに落とし穴があります。

なぜなら過去に感染して回復した鯉は依然ウイルスを持っているからです。研究では回復後もエラでは1ヵ月以上、脳では数ヵ月以上に渡ってウイルス遺伝子が検出され、それらの鯉は全く病徴を示さなかったといいます。このようなウイルスを有しながらも症状のない個体を「キャリアー」と呼びます。注意したいのは、キャリアーは飼育環境の悪化や産卵期などで免疫力が低下したときに、ウイルスを放出することがある点です。実際、症状のない鯉からKHV病をうつされたと考えられるケースもいくつか報告されています。

したがって、「昇温治療によってKHV病は完治しても、他の鯉に感染させることがある」と認識することが必要です。

薬を使うときの注意点

薬品類は説明書に書かれているとおりに、水量に対して規定量を使用するのが基本です。薬の濃度が濃すぎると、魚体が曲がってしまったり、最悪、死に至ることもあるので、水量に対しての投与量をしっかり計算してください。治療の際に、複数回使用する必要のある駆虫剤は特に注意が必要です。

また、強力できつい薬をいきなり使用しなくても、ソフトな薬で十分な効果が上がることもあります。強い薬を多用していると、徐々に薬が効きづらくなり、今後の病気治療に支障が出る場合があるのです。

この他にも、

・複数の薬を同時に使用する場合は化学反応を起こして魚に悪影響を与えることがある。

・高水温時に薬を使う場合には、十分なエアレーションを心がける。

など、ケースバイケースで注意すべきことがあるので、使用の際にはベテランの飼育者や専門店に相談されることをおすすめします。

錦鯉の病気治療に使用できる薬品

グリーンF
ゴールド顆粒

グリーンF（すべて日本動物薬品）

リフィッシュ

観パラD

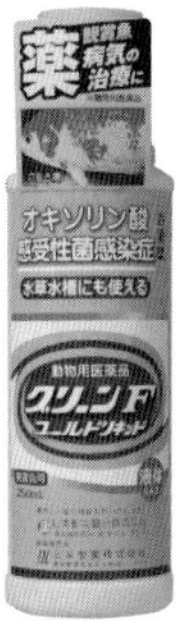

グリーンF
ゴールドリキッド

錦鯉用語辞典

あ行

色揚げ
その魚の持つ色彩をより強く発色させようとする行為。具体的にはその効果のある餌を利用したり、飼育環境を改善する。

浮く
錦鯉は病気にかかったり、弱ると、水面付近でボーっと浮くような行動を見せることがある。

写り墨
昭和三色、白写りなどが持つ墨模様のこと。身体の左右に振れながら走るのが特徴で、荒々しい迫力がある。

ウロコ
表皮下にある真皮中の海綿層に存在する。魚種によって形状に差があり、コイのウロコは丸い形の円鱗。

エアリフト
細いパイプの内部などにエアレーションをすることで、空気とともに水を押し上げ循環させること。

エアレーション（ぶくぶく）
エアポンプ、ブロワーなどにより、水中に空気、酸素を補給すること。

塩水浴
淡水魚の飼育池、水槽に塩（粗塩）を入れること。塩が溶けることによる浸透圧の変化により病原菌を殺し、また魚の代謝を助ける効果が見込める。錦鯉においては、水の塩分が０・６《パーセント》になるように、調整する場合が多い。このとき、水１００《リットル》に対して、約６００《グラム》の塩を溶かす。

大磯砂
黒っぽくて角のない海産の砂利。観賞魚の飼育によく用いられる。かつては大磯海岸で採取されていたことからこの名で呼ばれる。

オゾン
オゾナイザーという器具により発生させ、飼育水の殺菌に用いる。飼育水槽に直接添加すると魚の体表がただれたようになるので、ろ過槽などに添加する。

か行

改良品種
人の手により、美しさなどを追及しながら繁殖を重ね、原種とは異なった特徴を固定された魚（生物）。錦鯉はわが国が誇る究極の改良品種といえるだろう。

奇形
身体が短い、ヒレの条がゆがんでいる、などのスタンダードとは異なる姿になっている状態。先天性のものと、後天性のものがある。

給餌
餌を与えること。

キンラン
錦鯉や金魚の産卵床として用いる繊維の束。

御三家
数ある品種の中でも最も人気の高い、紅白、大正三色、昭和三色の３品種を合わせてこう呼ぶ。

混泳
ひとつの水槽、池に、複数種の魚を泳がせること。

さ行

サーモスタット
温度をコントロールする器具。ヒーターと接続して使う（一体型の商品もある）。

飼育水
魚を飼育している池、水槽の水。ろ材の洗浄にも使える。

ジェット
ろ過槽から池へと戻る出水口に取り付けることで、空気を取り込み、水中に酸素を補給し、水流をつけることのできる器具。

硝化作用
飼育水には、食べ残しの餌が微生物に分解されることで、また、魚自身が排出することなどでアンモニアが蓄積される。このアンモニアは魚にとって有害な物質だが、ろ過設備が充実し、水量に対して飼育個体数の適切な環境であれば、ろ過バクテリアによって、亜硝酸塩（やや有害）、硝酸塩（比較的無害）と変化していく。この一連の流れを硝化作用と呼ぶ。また、硝化作用によりpHは酸性に傾いていくため、ろ材の洗浄や、飼育水（特に水槽の場合）の交換が必要となる。

新水

飼育池に補充される水のこと。差し水とも言われる。

水質

水の状態。観賞魚においては目安としてpHが重視される。

ストレーナー

ろ過の吸水口などに設置する網目状の覆い。鯉や大きなゴミがろ過槽に吸い込まれるのを防ぐ働きがある。

墨

錦鯉が持つ黒い模様のことをこう呼ぶ。

生物ろ過

ろ過バクテリアによる硝化作用により水を浄化すること。

た行

退色

魚の体色が薄まること、消えていくこと。

立てる

将来性のありそうな鯉を選び、餌や飼育環境に気を遣いながら、その素質を引き出すように育てること。具体的には、野池などで一定期間放すことなど。また、このような鯉を立て鯉と呼ぶ。

な行

投げ込み式フィルター

水槽（池）で使う、エアリフトを利用したフィルター。酸素を補給する効果もあり、サブのろ過として入れておくと良い。

は行

バックスクリーン

水槽の後ろに貼るシート。青や黒の単色、色が透けたもの、水草の写真がプリントしたものなど、様々。イメージに合わせて、また、錦鯉がきれいに見えるものを選びたい。

pH

水素イオン濃度指数。ピーエイチ、ペーハーとも呼ばれる。水の酸性・アルカリ性の度合いを示す。7を中性として、それより高いとアルカリ性、低いと酸性となる。錦鯉は中性の水を好む。

フタ

水槽飼育の場合、錦鯉の飛び出し防止に必要。フタには餌やりなどの簡便性を考えて一部カットされているものもあるので、その場所にはウールマットを詰めるなどして塞いでおくと良い。

物理ろ過

枯れ葉やフンなどの目に見えるサイズのゴミを、ウールマットなどを利用して濾し取ること。

ブラインシュリンプ

塩水湖に生息するアルテミア・サリナと呼ばれる、微小な甲殻類の一種。この生物の卵には乾燥休眠期があり、長期間の保存が可能なため、稚魚の初期飼料として重宝される。餌として与える場合は、25～30℃の塩水に適量を入れ、エアレーションを施すと、24時間ほどでふ化をするので、このふ化した幼生を用いる。

ブロワー

大型のエアポンプ。水深のある池、水槽にエアレーションを施す場合、エアーを複数分岐する場合に役立つ。

や行

薬浴

魚病薬を飼育水に投与、または投与した水の中に魚を泳がせ、病気・ケガを治療すること。

溶存酸素量

水中に溶け込んでいる酸素の量。水温が高いと酸素が溶け込める量の上限、すなわち飽和量が低くなるので、夏場は特にエアレーションが重要となる。

ら行

ろ過

水槽の水を清浄にすること。その方法には物理ろ過、生物ろ過がある。

ろ過槽

飼育水を濾す役目のある「ろ材」を収容するスペース。

ろ過バクテリア

硝化作用の働きを担うもので、ニトロソナモス、ニトロバクターなどが知られている。これらはろ過を設置し、水を回していれば自然に発生するが、バクテリア剤は市販もされているので、それを利用するのも良い。

品評会の楽しみ方

改良品種である錦鯉には、個々が持つ美しさを競うという楽しみ方があります。その場となるのが品評会であり、ここでは審美眼に優れた審査員が公平な判断を下してくれます。

錦鯉は基本的に質、柄が同レベルならば、大きければ大きいほど評価は高くなります。しかし、小さい池しか持てず、鯉を大きく育てにくい人が出品できないかというと、そうではありません。錦鯉の品評会では、出品サイズによる区分が細かく設定されているため（例えば、「12部」という区分では12cmまでの、「15部」という区分では12～15cmの個体で競われる）、大きな池を持っていなくとも参加できるのです。

また、出品こそしなくても、会場に個体を見に行くだけでも楽しめるでしょう。錦鯉のような伝統のあるものというと、古めかしいような印象を受けるかもしれません。しかし、その実は常に進化を続けているのです。これは近年の魚たちを歴代の総合優勝魚と比べてみると、確実に美しく、そして、大きくなっていることからも明らかです。また、突然変異的に生じ、固定されていない変わり鯉、一品鯉などと呼ばれる魚たちは良い例で、これは将来の品種の原石ともいえます。まだまだ美しくなる可能性を秘めた錦鯉、その最新の姿に触れてみることをおすすめしたいと思います。

用語解説

- **部**…大きさの区分。5cm 刻みで区切られることが多い。
  例）第 50 部…全長（口先から尾ビレの先端までの長さ）が 45cm を超えて、50cm までの個体であることを示す。
- **国魚賞**…大きさごとに最も美しい魚に与えられる賞。人気の高い、御三家で競われることが多い。
- **種別優秀賞**…各品種ごとに最も優れた魚に与えられる賞。

国内最大規模の品評会である全日本総合錦鯉品評会は例年、東京流通センターで行なわれている。壁に貼られた歴代の総合優勝魚のポスターが気分を盛り上げる

新潟で開催された際には米どころとして、もちつきパフォーマンスが

屋内で品評会を開く場合には、錦鯉の色彩を引き立てるように、会場中の照明が観賞魚用のものに取り替えられる

国内最大規模とは、すなわち世界最大規模ということ。全日本総合錦鯉品評会では海外の愛好家も多く来場する

品評会会場には餌や器具のブースもあり、最新の商品、情報を得られる良い機会だ

トップクラスの美しさを持った錦鯉をまとめて、ひとつのプールで見られるという機会もなかなかない

錦鯉と一緒に泳げるプール

オランダ／バート・ビッシャー（Bart Visscher）さん

撮影／石渡俊晴

クラシックな茅葺屋根からセンスの良さを感じる。元々は馬小屋だったものを改築した

セネカちゃんが水に足を入れると、錦鯉たちが寄ってきた

プールを兼ねた池

周りを牧場に囲まれた閑静な住宅街にビッシャーさん宅はあります。庭にある15×4メートルの池では錦鯉が泳いでいますが、驚かされるのは、なんと夏にはプールとしても使用しているということです。

「鯉も好きだし、プールも欲しかったからさ」

とビッシャーさんは笑います。オランダの夏は短くプールを作ってももったいない、それならプールで錦鯉を飼えば一年中楽しいじゃないか？という、なんとも合理的（？）な考え方の結果がこの池というわけです。

池で人が泳ぐことで、鯉はストレスを感じないのかと不安になりますが、池の水深を最深部で2メートル、浅いところで50センチと差をつけたり、餌は水に入り手に持ったザルから直接与え、鯉との信頼関係を作ることで、現在ではまったく問題がないのだと言います。そして、実際にセネカちゃんに池に入ってもらうと、確かに鯉は寄り添うような泳ぎを見せるのです。

充実のろ過設備

直接身体に水が触れるため、人間も気を遣う必要があります。そこで、水中の雑菌を減らすためにオゾナイ

丹頂昭和などの珍しい鯉も泳いでおり、ビッシャーさんの鯉マニアぶりがうかがえる

手前からビッシャーさんと、息子のオネイダくん、娘のセネカちゃん、奥様のアニーさん。奥は仕事のパートナーのボーストさん

写真右側の板張りの通路の下にはろ過槽が９槽並んでいる。特筆すべきは、中央に植えた植物にも窒素を吸収させ水質浄化を手伝わせていること

水中のタンパク質を取り除くプロテインスキマーと、水中の病原菌を殺菌するオゾナイザーが一体となった装置。日本では海水魚飼育に用いられるが、池ではあまり見かけない

ろ材として使用しているブラシ

プラスチックブロック

溶岩石。お国が違えば、池のろ材も違う様子

ザー、プロテインスキマー、そして３０Ｗもの殺菌灯を使用し、大腸菌やレオネジラ菌などが安全な数値内に収まるようにろ過を強化しています。生物ろ過槽も充実しており、９槽ものろ過槽に加え、植物を使って脱窒まで行なっているのには驚かされます。すでに、この池のシステムは確立されており、オランダを始め、ギリシャ、スペインそして南アフリカにまで設置例があるそうです。

　池の構造については、底部をコンクリートで固め、側面にはラバーを使用しています。このラバーは40年保障のある耐久性の高いものだといいますが、長期間使うと木の根などで穴を開けられないかと心配にもなります。

「ほとんどの木の根はラバーを避けるので問題ない。竹などはまれに突き破ることもあるが、伸縮性があるのでぎゅっとしまって水を漏らすことはない」

　このように、池やろ過槽の設置にも精通したビッシャーさんは日本まで鯉の買い付けに来ることもしばしば。このような技術が日本に広まれば、錦鯉の飼育方法にも変化が見られるかもしれません。まだまだ錦鯉の世界には発展する余地がありそうです。

錦鯉と飼育資材の販売、錦鯉ライフのトータルサポートは「成田養魚園」にお任せください！

Narita Koi Farms Japan　**錦鯉ライフをトータルサポート！**

成田養魚園のご案内

店舗は、「いつでも何でも揃う店」をモットーに営業しております。

55トンのアマゾン水槽。

屋内販売池①

16面の池とガラス水槽に別れ、低価格の錦鯉を中心に随時錦鯉の入れ替えを行い、どなた様でもお気軽に錦鯉をお買い求め頂けますよう全ての販売鯉に値段表示をしております。最近ではちょっとしたデートスポットしても大人気です。水族館感覚で楽しんで頂ける園内、もちろん水族館と違い入場無料です。

屋内販売池②

3トン池（単独生物濾過槽）8面には主に2・3歳の錦鯉を展示販売しております。これから池を作りたい、今の池では少し不満、池があるけど、水がきれいにならない、池の水が漏る・・・等、何でもご相談ください。専門のスタッフが皆様に的確なアドバイスをさせて頂きます。

大型鯉飼育ハウス

2歳以上の上物錦鯉を中心に飼育販売しております。
常時１０００匹以上の錦鯉をストックし、シーズンオフの５～８月でも豊富な品揃え。皆様のご要望にお応えできる錦鯉がきっと見つかるはずです。

成田養魚園 飼育資材倉庫

３階建ての倉庫には飼料をはじめ大型水槽まで、どこよりも早くお客さまのニーズにお応えできるよう常時１０００種類・１万点以上の錦鯉飼育資材を在庫しております。また、当園では、お客様により新鮮で良い錦鯉飼料をお届けするため、酸化しやすい錦鯉飼料を定温倉庫（常時１８℃）にて保管しております。

防疫ハウス

安心・安全な錦鯉を皆様へ
成田養魚園㈱では皆様に安心・安全な錦鯉をお届けできるように、仕入れた鯉は生産者ごとに最低でも４週間隔離飼育し、安全を確認した鯉のみを販売しております。防疫ハウス内には、大小３０面の池があり、単独濾過・加温設備で万全の魚病対策を行っております。

上質な成田の錦鯉

当養魚園では、全国の有名生産者５０社以上から取り寄せた１万匹以上の錦鯉を常時ストックしております。錦鯉から飼育資材までＨＰからもお求め頂けます。是非ご利用ください。５００円前後の一般的な大衆魚から、品評会用の錦鯉まで幅広く取り揃えております。国内・海外の業者への卸も行っております。

インターネット販売

遠方のお客様もインターネットからお買い求め頂けます。詳しくは下記ＵＲＬよりアクセス下さい。
https://www.narita-koi.com

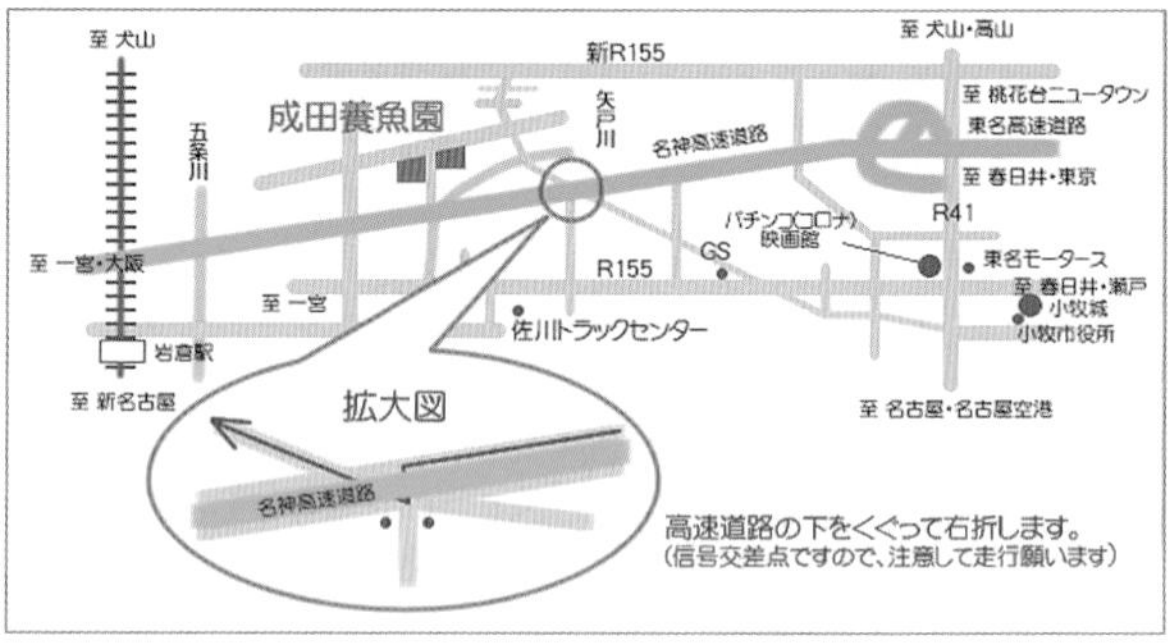

成田養魚園
錦鯉専門
販売サイト

ライブ鯉

自宅にいながら有名生産者の鯉をゲット！！
https://www.narita-koi.com

あなたの錦鯉ライフをトータルサポート致します。創業以来「いつでも何でも揃う店」を目指し、錦鯉をはじめ飼育素材（通販）、動物用医薬品（観賞魚薬）の販売、池・濾過槽の設計施工、錦鯉・飼育器財の保守管理、海外輸出販売等を手掛けております。

成田養魚園㈱
Narita Koi Farms JAPAN

開店時間／ AM10:00～PM5:00
定休日／毎週月曜日、火曜日
〒485-0075　愛知県小牧市三ツ渕 815
815 Mitsubuchi, Komaki-city, Aichi-pref.

☎0568-77-8998
FAX0568-77-8997
0120-12-8998
e-mail: info@narita-koi.com

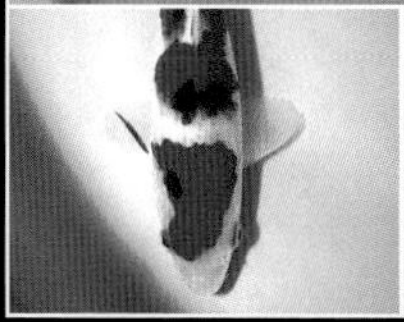
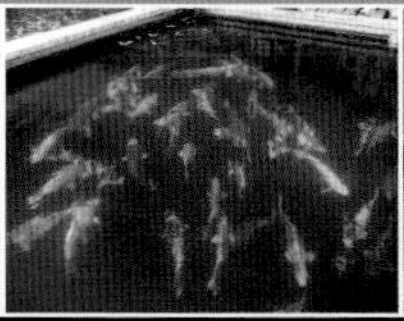
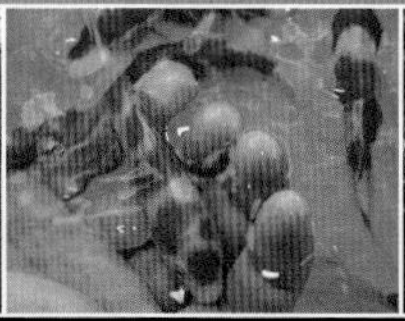
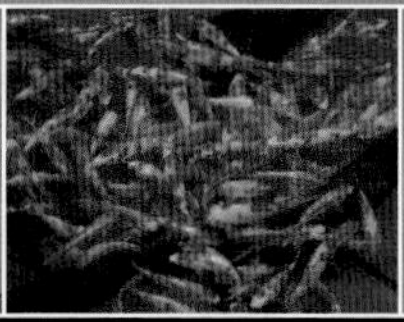
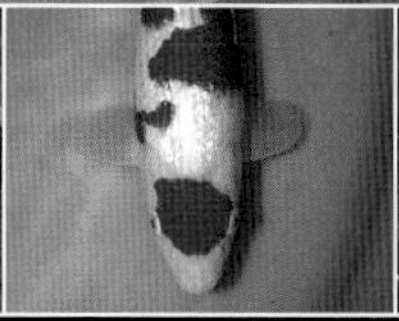
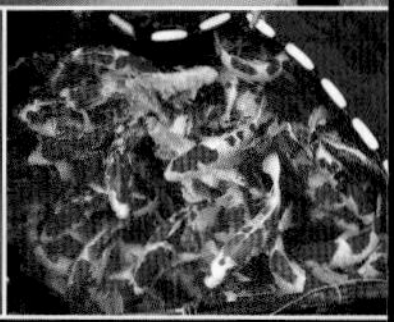

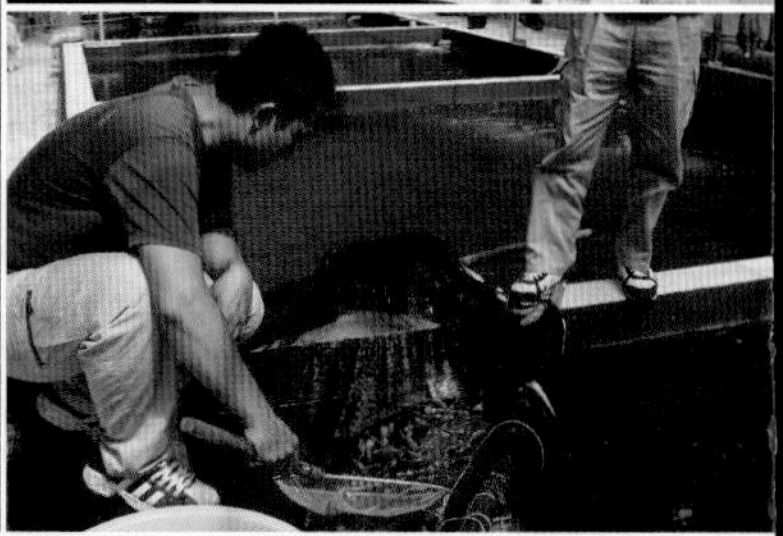

本格的に錦鯉を楽しんでみませんか？
者の方、錦鯉、池、水槽、濾過機を購入する前にまず相談して下さい！
失敗しない飼育器具の選び方、錦鯉の選び方、病魚の治し方。
錦鯉飼育士が懇切丁寧に教えます。

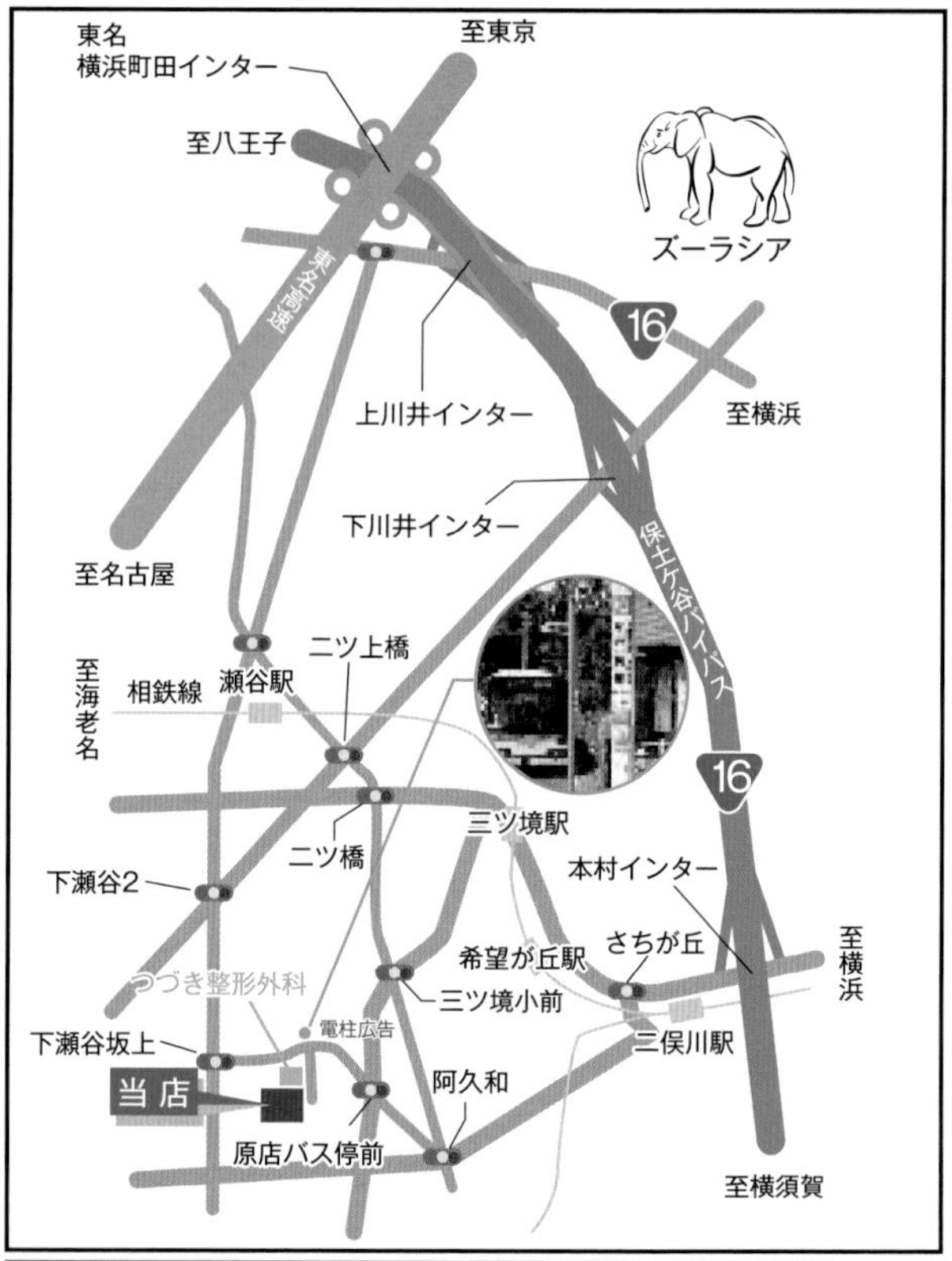
東名
横浜町田インター
至東京
至八王子
ズーラシア
東名高速
16
上川井インター
至横浜
下川井インター
保土ケ谷バイパス
至名古屋
二ツ上橋
至海老名
相鉄線
瀬谷駅
16
三ツ境駅
二ツ橋
本村インター
下瀬谷2
希望が丘駅
さちが丘
至横浜
つづき整形外科
三ツ境小前
電柱広告
下瀬谷坂上
二俣川駅
当店
阿久和
原店バス停前
至横須賀

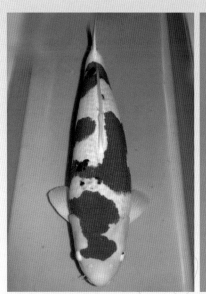

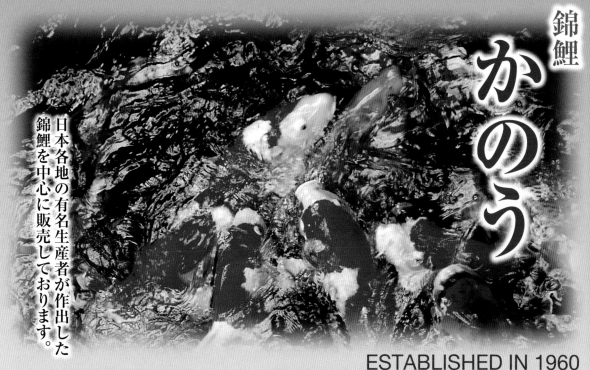

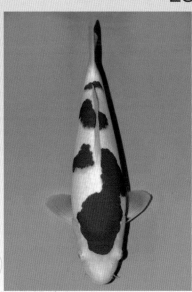

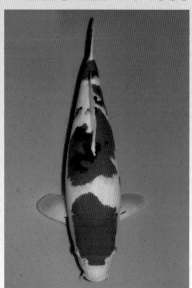

大型池用濾過器

うず潮シリーズ

ZENSUI

■ 循環ポンプは別売りです。能力に適合するものをご使用下さい。ポンプメーカーの違いにより能力は多少変動する場合があります。

■ 表示価格には循環ポンプ・配管材工事費は含まれておりません。

■「うず潮用濾材」「ストレーナー」「三方バルブ（各機種3個付）」が付いています。

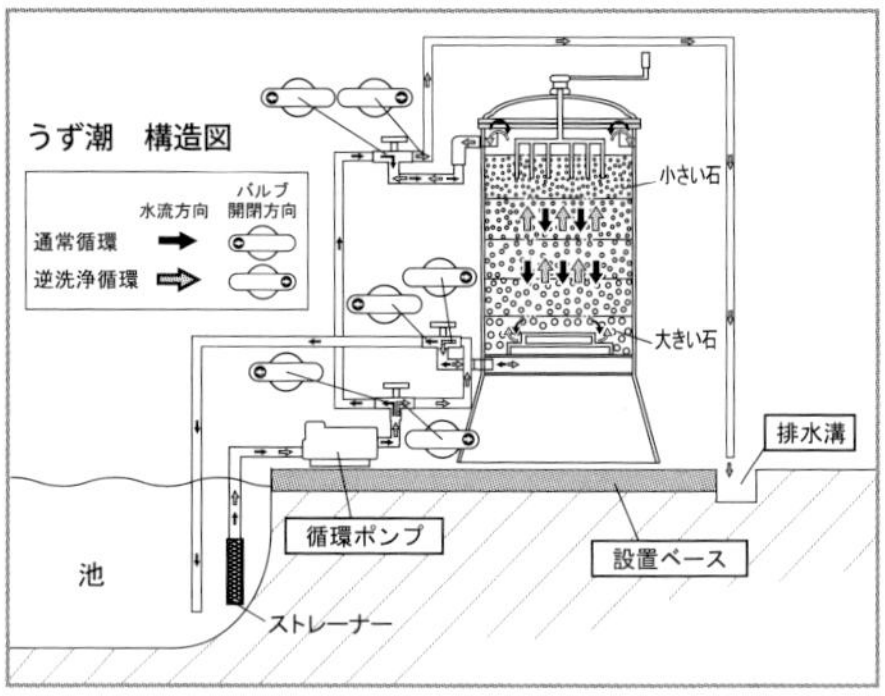

	Z-108	Z-212	Z-327
ろ過能力	5 t 以内	10 t 以内	20 t 以内
ポンプ流量 50Hz	30 ～ 60 ℓ /min	40 ～ 90 ℓ /min	90 ～ 150 ℓ /min
ポンプ流量 60Hz	30 ～ 60 ℓ /min	40 ～ 90 ℓ /min	90 ～ 150 ℓ /min
循環ポンプ	※100V 100W	※100V・200V 200W	※100V・200V 400W
吸入口径	TSS-25A	TSS-30A	TSS-40A
吐出口径	TSS-25A	TSS-30A	TSS-40A
濾過材洗浄方式	手動式	手動式	手動式
洗浄用モーター	—	—	—
寸法	420φ×1060H	470φ×1230H	510φ×1200H
濾過材	砂利	砂利	砂利
定価（税抜）	478,000円	576,000円	688,000円

ゼンスイ 株式会社

本　　社　〒566-0052 大阪府摂津市鳥飼本町5丁目1-16
TEL：072-654-3743　FAX：072-654-3753

関東営業所　〒345-0036 埼玉県北葛飾郡杉戸町杉戸1-9-20
TEL：0480-33-2058　FAX：0480-33-2059

ホームページ:http//www.zensui.co.jp

タカラ ― 水環境を守る、創る ― 日本製

HIBIKI 響

小型ロータリークリーナー
横置型低速回転逆洗砂濾過装置

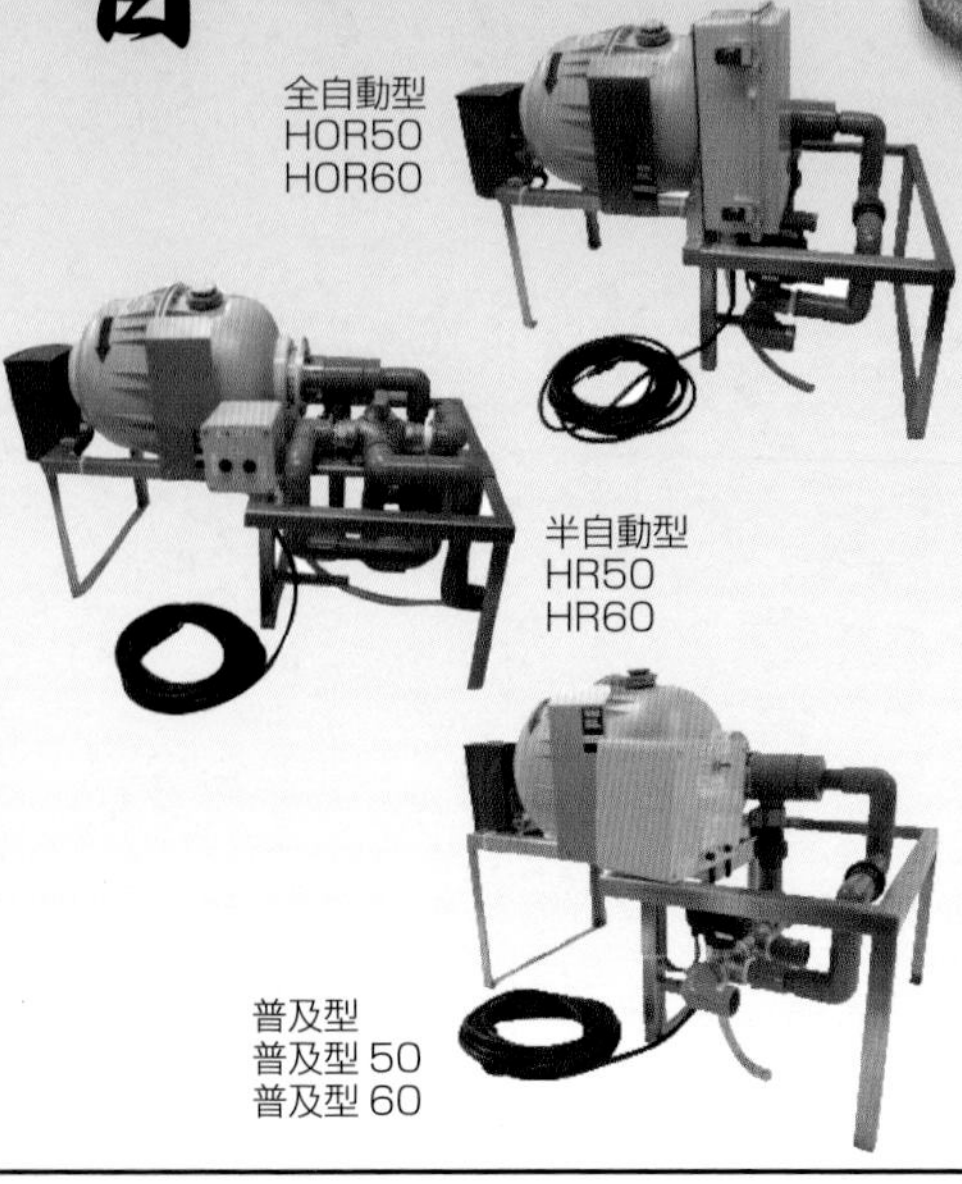

ウォータクリーナー WATER CLEANER

みかげ調プラ池

総発売元 株式会社ティケーアール	〒143-0015 東京都大田区大森西 3-28-5 TEL 03-3764-7331 FAX 03-3765-0176
製造元 タカラ工業株式会社	〒143-0015 東京都大田区大森西 3-28-5 TEL 03-3764-3557（代）FAX 03-3765-0176 http://takarakougyou.com

錦鯉の病気「コイヘルペスウイルス」検査の実施機関
株式会社 県都食品環境分析センター
実績と信頼のある専門検査員に安心してお任せください
錦鯉の生産地
新潟
http://www.kentoshokuhin.co.jp
株式会社 県都食品環境分析センター
TEL：025-270-8890　FAX：025-270-8132
E-mail　kento8890@ab.auone-net.jp
〒950-0022　新潟県新潟市東区幸栄１丁目7-12
営業時間／ 9:00～18:00　定休日／土・日・祝日
農林水産省
「特定疾病等対策ガイドライン」に
準拠したPCR法により検査を行います。

AQUA LIFE
月刊アクアライフ
魚とのコミュニケーション
http://www.mpj-aqualife.com
毎月１１日発売
すべてのアクアリスト必読マガジン！
「月刊アクアライフ」は観賞魚の飼育方法や最新の図鑑はもちろん、愛好家のお宅紹介、
新しい飼育スタイルのご提案など、ホットな内容で毎月お届けしています！
エムピージェー
@AQUALIFE_MPJ
mpj_aqualife
怪魚と暮らす

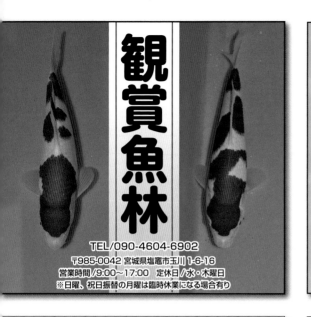

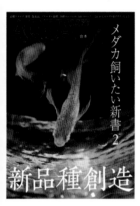

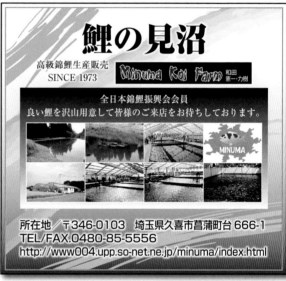

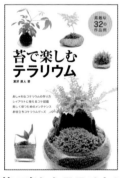

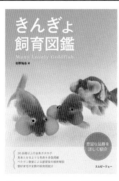

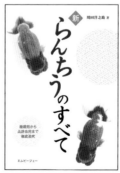

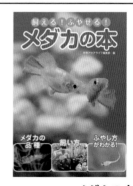

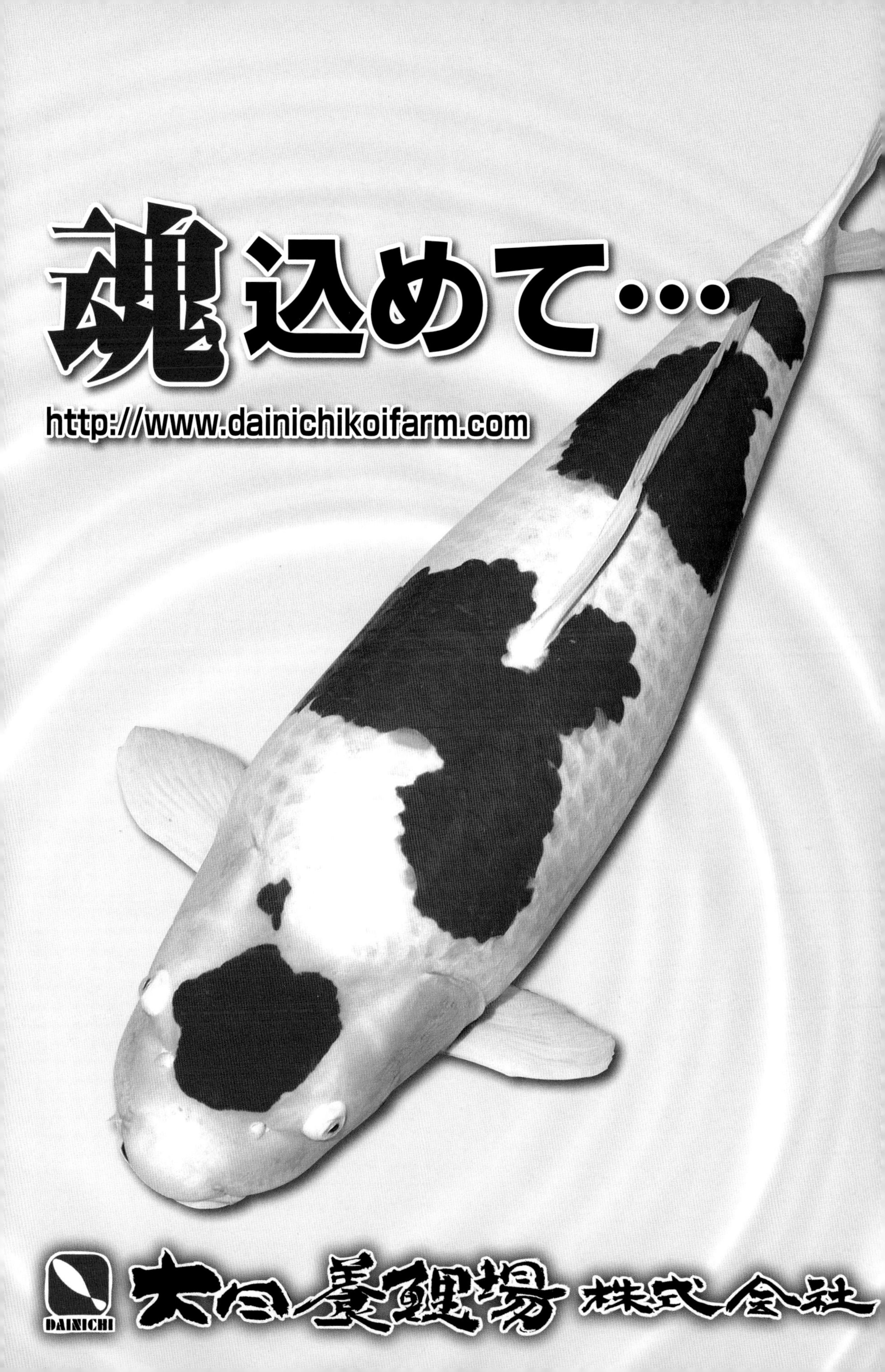
魂込めて…
http://www.dainichikoifarm.com
DAINICHI
大日養鯉場 株式会社

著者紹介

叶　俊明

1959年東京都生まれ。立教大学卒業後、家業の錦鯉専門店「錦鯉かのう」（株式会社叶商事） に入社。1992年、創業者である父の跡を継ぎ、二代目となる。錦鯉を始め、世界中のいろいろな魚、特に大型魚、古代魚に関心を持ち、月刊アクアライフなどの観賞魚雑誌への寄稿も多数。「都会の限られたスペースで、いかに錦鯉を上手に、また簡単に飼うか」をテーマに、昔からの教えを踏まえた上で、熱帯魚の飼育スタイルも取り入れながら、時代にあった新しい飼育方法を追求している。本書では、6～61（品種解説）、63～77、105～107、132～136（子取り方法）、138～142ページを執筆。

西川洋史

1980年東京都生まれ。東京海洋大学大学院海洋科学技術研究科応用生命科学専攻　博士後期過程修了。博士（海洋科学）。ドルトン東京学園中等部・高等部の開校準備作業に携わった後、教員として勤務。アクアリウムにまつわる新しい理科教材の開発とその授業実践に取り組むとともに、生徒の研究指導にいそしんでいる。2005年から月刊アクアライフ誌において、「観賞魚の治療対策」を連載中。病気に関する解説や実際の治療レポートを行なっている。本書では138～142ページ（病気の原因）を執筆。

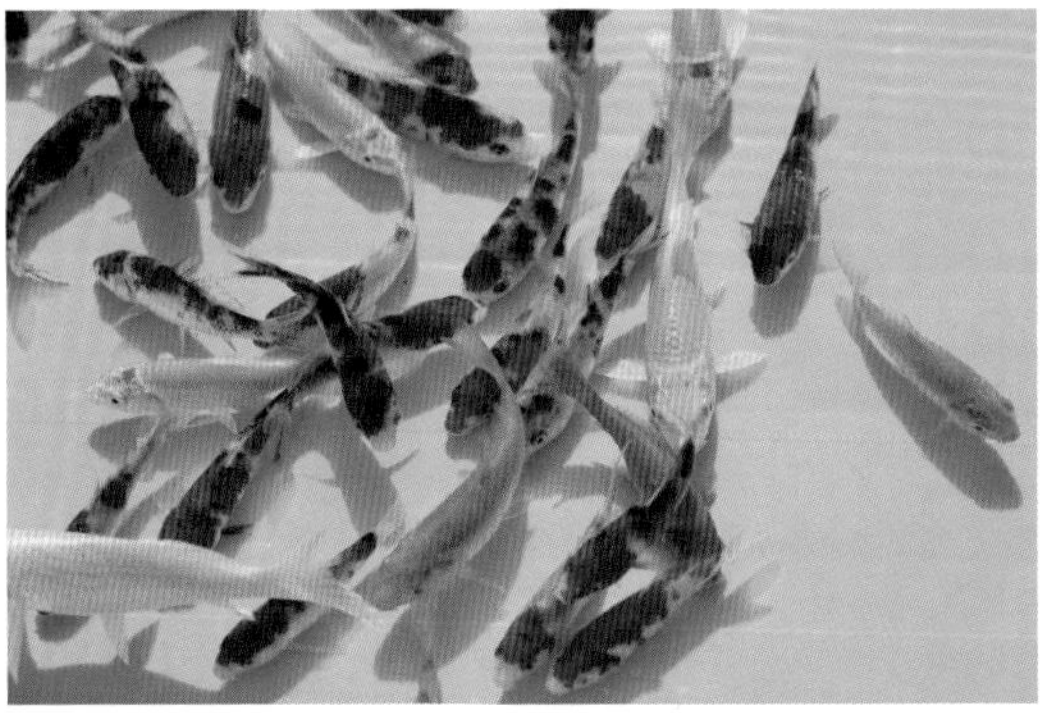

編　集　宮島裕昌
撮　影　橋本直之
イラスト　いずもり・よう、遙　七月
デザイン　スタジオB4
協　力　アクアステージ21横浜店、伊佐養鯉場、岩崎電気、エフ・エー・ミヤイシ、オダカン、神畑養魚、小西養鯉場、キョーリン、鯉の見沼、水作、ゼンスイ、タカラ工業、テクノ販売、錦鯉かのう、日本動物薬品、ぷれしゃす、別府養魚場、龍魚世界ポンティアナ、社団法人 全日本愛鱗会、全日本錦鯉振興会、新潟県錦鯉協議会

増補改訂版
池でも水槽でも楽しめる！
錦鯉の飼い方

2020年11月　1日　初版発行

［発行人］石津　恵造
［発　行］株式会社エムピージェー
住所 〒221-0001
神奈川県横浜市神奈川区西寺尾2-7-10
太南ビル2F（編集・営業部）
al@mpj-aqualife.co.jp
https://www.mpj-aqualife.com
［印　刷］図書印刷株式会社

※本書は、2011年出版の「池でも水槽でも楽しめる！　錦鯉の飼い方」を増補改訂したものです。

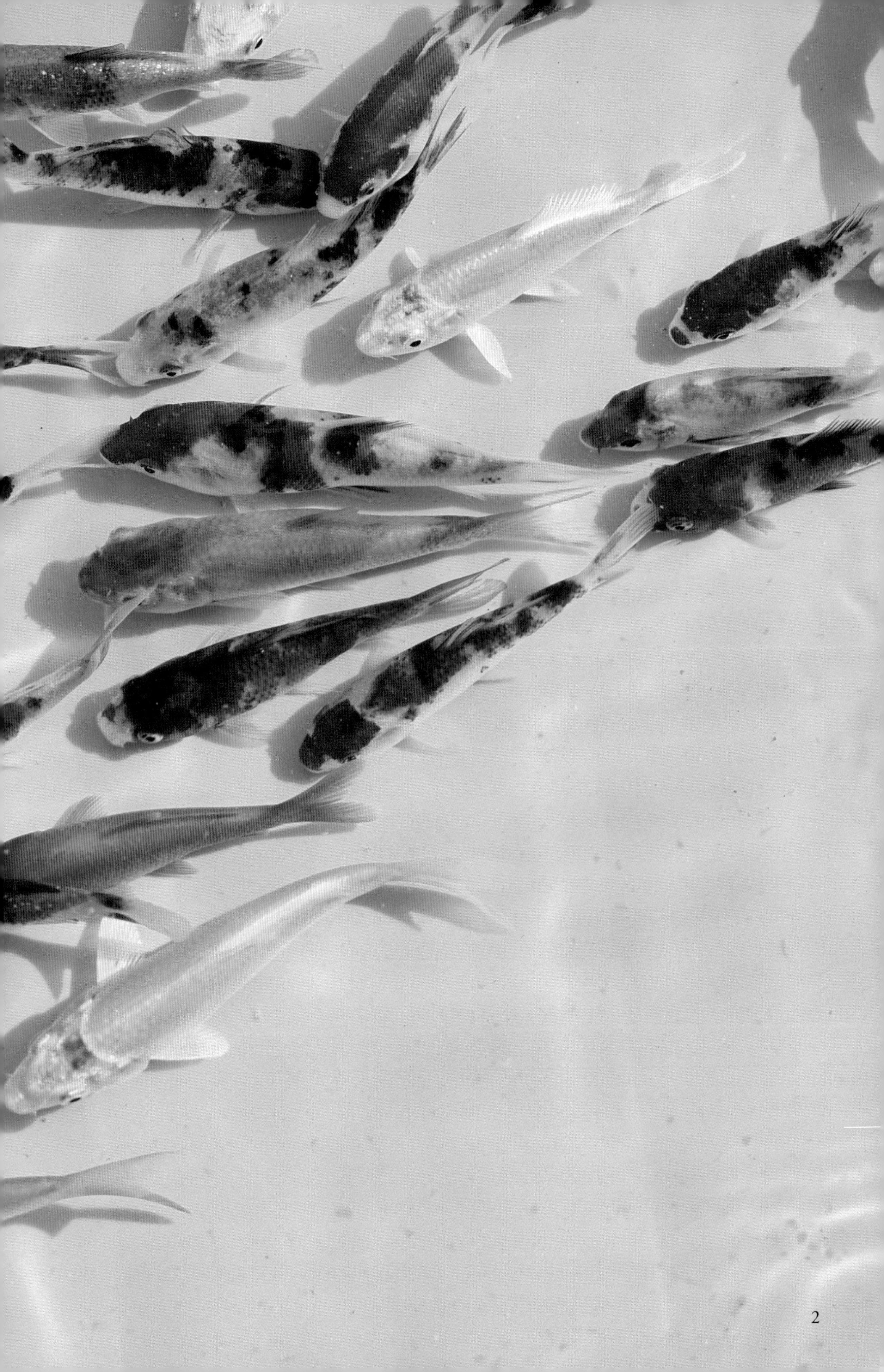